U0311370

朱爱朝 NATURE BOOK

二十四节气

自然笔记

朱爱朝 著

读者出版社

新经典文化股份有限公司
www.readinglife.com
出　品

目录

序言

用自然笔记来记录自然

无论大地发生了什么不幸，

不幸势必波及她的儿女。

我们编织不了生命之网，

我们不过网中一线。

这是西雅图酋长宣言中的一段话，今天读来仍令人感慨良多。

我们都是大自然的儿女，我们都是大地的孩子。可是我们的傲慢、短视、贪婪、麻木，正在摧毁我们立足的家园。地球变暖，绿地消失，越来越多的动植物灭绝。雾霾是被我们冷落的大自然母亲迷蒙的泪眼。如梭罗所言，我们安居在大地上，却忘记了天空的模样。

走得太快的世界，五色炫目，五音喧哗。可是，在速度旋风的裹挟里，我们仍然想追寻一种"定"；在瞬息万变的生活里，我们仍然想追寻一种"常"；在一望无际的水泥森林里，我们仍然想找寻到自我与大自然连接的转门。

大自然是最好的老师，二十四节气是大自然的呼吸和节奏。在二十四节气里，可以用自然笔记的方式来观察自然，记录自然。

早在两千多年前，我们的祖先就开始了对自然物候的观察和记录，并用二十四节气的方式呈现出来。二十四节气并不单纯是时间的进程，也反映出四季冷暖、雨雪变化，以及大地接收太阳热量的巨大差异。每个节气的名字仅仅只有两个字，却生动地描绘出冷暖、干湿、季节规律变化的自然画卷，并指示着农事的进程，天文、气候和农业生产，尽含其中。日出而作、日落而息的岁月中，我们的祖先又观察到一年七十二种物候的变迁。节气习俗是以一对天地万物的恭敬之心，汲取更多的力量。节气物产是气候与土地交互激荡酿出的最原初却最丰盈的滋味。我们用节气食品来调节自己的身体，以应和大自然的节奏。随节气而歌咏的诗词歌赋中，是每个朴素日子里长出的美丽花朵。二十四节气，将时间和生产、生活定格到天人合一的状态，让生命的节奏融入大自然的节奏当中。

现代人在喧闹、纷扰的世界中也在寻找着自己的"定"与"常"。自然笔记是用书写和绘画的方式，给大自然书写日记，在记录中感受大自然的生命，把自我融入自然万物。所以，自然笔记更是一种与生命共鸣的生活方式，是一条与大自然连接的路径。

做自然笔记需要哪些准备？

准备纸张或者有硬壳的本子，铅笔或者水性笔，可以备一块橡皮。孩子们一般喜欢用蜡笔和彩铅上色，成年人也可以选择用水彩上色。

如果准备更充分一点的话，可以备好卷尺或短的直尺用以测量，用放大镜观察植物细微的部分；可以用相机拍摄快速移动的生物，也方便回家后参照整理完成自然笔记；各种图鉴可以用于资料的查阅，夜晚观察要带上手电筒，观鸟最好备上一个望远镜。

自然笔记观察的内容有哪些？

有关大自然的一切。空中的小鸟，草丛里的昆虫，静立不动的花和树，天幕上的点点繁星，城市街道旁的一片杂草，水池假山上的滑腻青苔，山顶眺望到的美丽景色……时时处处皆自然，只要我们有一双善于发现的眼睛。自然不仅仅在荒野和远方，更在我们身边和脚下。

自然笔记由文字和图画两个部分组成。

自然笔记的文字部分，需要记录时间（具体到年月日，甚至是上午或者下午的几点）、地点、天气状况。无法用图画表达出来的部分，譬如心里的感受、聆听到的声音、闻到的气味、触摸时的感觉，可以用文字来叙述。

图画部分，忠实地画出我们所观察到的即可。

没有学过绘画怎么办？

这也是曾经困扰我的问题。

我们来看看孩子们做的自然笔记吧。2013 年 2 月的时候，我开始带孩子们做自然笔记，最初他们的自然笔记是这个样子的：

四年以后，2017 年 2 月，孩子们所做的自然笔记变成了这样：

这是我在 2013 年 6 月 1 日的第一篇自然笔记和 2015 年 10 月 10 日的自然笔记：

 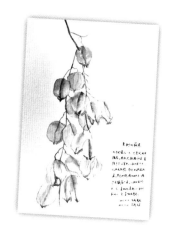

我们会发现，一天天、一次次专注地观察，不断地学习，慈爱的大自然母亲会握着我们的手，教我们描绘出更好的自然笔记。其实，对于自然笔记中的图画部分来说，画得好不好并不重要，做自然笔记最大的意义在于和大自然对话，增进对大自然的了解，在记录中感受大自然中的生命，把自我融入世间万物。

二十四节气里的自然笔记书写，将让我们丢开刻板与绝对，以立体、多元、流动的方式来看待万物。夜晚并非万籁俱寂，冬天未必万物萧索。每个节气，每段时间，大自然中都有美好的存在。在大自然的润泽下，我们将感受到世界的光明和美，走向内心的敞亮明澈。在二十四节气的周而复始、生生不息中，我们将拥有更多的喜悦，寻找到生命中的"定"与"常"。

二十四节气里的自然笔记书写，让我们在与传统的接续中，更清楚地知道"我是谁""我从哪儿来"；让我们在与自然的紧密连接中，能够以慈悲心来面对自然。当我们与自然紧密连接，我们就有可能去挽救一棵大树、一条河流、一片天空、一块湿地、一个村庄。

身处大自然中具有疗愈意义，可以帮我们从每日生活的压力中解脱出来，抚慰我们的灵魂，让我们找到喧哗中的安适自在、静定自如，走向无有滞碍、身心合一的生命状态。二十四节气里的自然笔记书写，将让我们充分感受到慈爱的大自然母亲带给我们的生命启示。

立春

春雨惊春清谷天

立春

　　立春是二十四节气之首。每年的2月3日至5日，太阳到达黄经315度，是立春。"立"，是开始的意思。立春表示春天来了。漫长阴冷的冬天结束，温暖的气息在天地间蔓延。

立春三候

　　一候东风解冻，二候蛰虫始振，三候鱼陟负冰。

　　和暖的东风让大地开始解冻，蛰居在洞里的虫子渐渐苏醒，鱼儿在游动，尚未完全融化的碎冰片像被鱼背负着一样，浮在水面。

立春自然笔记

感受春的气息

  "立"为建始，"立春"为春天的开始。虽然冬的袍子尚未脱完，还有些寒冷，但春天毕竟来临了，让我们一起在大自然中感受春天的气息。可以把看到的、听到的、闻到的、想到的，写下来，画下来，完成自己的自然笔记。

立春

鱼儿游啊游

在地球上出现两栖动物、鸟类、哺乳动物之前，鱼类就已经生存很久了。它们是最古老的脊椎动物。地球上只要有水的地方，几乎就有鱼的身影。

鱼类通过产卵来繁衍后代。雌鱼把卵排在水中，雄鱼会给卵授精。之后，鱼卵慢慢长大，变成小鱼。

在爸爸妈妈或者老师的陪伴下，找一处安全的适合观察鱼的地方，可以是浅浅的小池或者家中的鱼缸边。

早晨，鱼儿最活跃，当你靠近观察的时候，不要喧哗，尽量不要发出声响，别把自己的影子投射到池里，你就能看到鱼儿最自然的状态。

仔细观察，鱼儿是什么颜色？它的鱼鳞是细密的还是粗大的？光滑的鳞可以减少阻力，让鱼儿能在水中轻松自在地游动。鱼的鳍分别长在身体的什么地方？

你看到鱼的鳃了吗？鱼没有肺，它们通过鳃来呼吸。鱼用身体的哪个部位在游动？它们慢慢游和快速游的时候有什么不一样？它们会怎样吃东西？你看见鱼儿吐泡泡了吗？

把你所观察到的，用"图画＋文字"的方式，记录下来。

立春

2016年2月8日 16:00 15℃
晴 南风2级
天气晴好。

茶花树上的花苞

2016年2月9日 上午8:50 12℃
晴 南风3级
在鸟儿的叫声中醒来。
蓝天，大团大团白云。黑羊吃
嫩黄柚子皮，黑狗惬意再
啃大骨头。黑、黄母鸡觅食，
大公鸡昂首，张去又跟来。
轻轻有点在地堆边，散
心游，看甲虫在地堆休息。
再走过去，是大片荒四生
长的枇杷的芦苇草快割为，
已往干枯。它们长叶时
原是绿色的，较
硬较锋利，割
手。干枯的尾年，风
中非和谐。田里种小树苗
戎园上篱笆或了某地。很
多田已荒弃年。四处上杂草
枯黄，脚踩过去，枯枝叩
叩响。原来叩响，刺秀天，
长出绿年，把年剪刺装米；
浅坑里，自剥肥柳。来年
掩住回收，掩盖了记忆。

2016.2.9. 移村的表

朱爱朝 手书

雨水

春**雨**惊春清谷天

雨水

每年 2 月 18 日前后，太阳到达黄经 330 度，为雨水节气。天气变暖了，雪少了，雨渐渐多了。空气湿润，万物欣欣向荣。雨水和谷雨、小雪、大雪一样，都是反映降水现象的节气。

雨水三候

一候獭祭鱼，二候候雁北，三候草木萌动。

水獭捕鱼，只吃几口就把鱼抛在岸边，堆积的鱼如同陈列供品祭祀。大雁感受到春的信息，开始从南方出发，飞越千山万水，去北方繁衍生息。草木随大地中阳气的上升，抽出嫩芽。

雨水自然笔记

春天的小雨滴滴滴

　　春来了，小雨也来了。你细细听过雨的声音吗？毛毛雨、小雨、大雨，它们落在地上、滴在伞上、打在屋顶上的声音，是值得我们细细品味的音乐。

　　从屋子里走出来吧，让小伞在雨中盛开，一朵，两朵，三朵……听小雨的演奏，一滴，两滴，三滴……

　　把你的感受用自然笔记的方式记录下来。

雨水

展翅飞翔

观看鸟儿的飞翔，最好能准备一个望远镜。

不是所有的鸟类都能飞翔。有"海洋之舟"美称的企鹅，就只会摇摇摆摆地走路。体形庞大的鸵鸟，可以以每小时70千米的速度"徒步"行走，却无法飞翔。

鸟经过漫长地进化，拥有了适合飞翔的身体结构。流线型的躯干可以减少空气阻力。骨架轻盈，有些骨骼是中空的。鸟儿的翅膀能向两边伸展开来，非常灵活，可以适应不同的飞行条件。当它上下扇动翅膀的时候，就能飞起来。如果翅膀是像隼、雨燕那样尖而细长，就适合高速飞行。麻雀、喜鹊这些在灌木丛和树林之间灵巧飞翔的小鸟，则有着圆圆宽宽的翅膀，这样的翅膀不适合长时间飞行。而老鹰、秃鹫这些在微弱的上升气流中滑翔的鸟，它们的翅膀又大又宽，而且前端非常圆润。还有以海鸥为代表的海鸟，翅膀较长、较窄、较平，可以随气流滑翔。鸟儿的飞行特点，跟翅膀的形状密切相关。

不管鸟儿怎样飞行，它们都能根据具体的环境对飞行进行调整。

鸟儿起飞和着陆依靠的是双腿。枝头的小雀，在地上或者树枝上轻轻一蹬，就快速起飞，它用力向下扇动翅膀，形成向上的推力。又重又大的天鹅，飞起来可没有这么轻巧，它们需要使劲扇动翅膀，助跑长长的一段距离后才能起飞。

鸟儿降落的时候，会摇动腿部向下运动。鸟儿落地之后，有的会跳跃着向前，有的会快速灵活地行走。

找一个合适的位置，在不惊扰鸟儿的情况下，观察鸟儿的活动。为了观察得更仔细，请准备好望远镜。

你是在什么时候，什么地方，观察了什么鸟？它是一只小鸟还是大鸟？它的样子是怎样的？它是怎么起飞的？它飞翔的姿势是怎样的？当它落下来的时候，请注意它双腿的变化。它在地上是怎样活动的？你觉得它身体的哪些特点让它很适合飞行？

观鸟的时候一般用双筒望远镜。双筒望远镜除了目镜和物镜，还加上了棱镜，把形成的影像重叠在一起。双筒望远镜上常常刻有 7×18 或者 10×25 等记号，前面的数字表示放大倍率，后面的数字表示物镜的直径。7×18，表示放大倍率是 7，物镜的直径是 18 毫米。观鸟望远镜最适合的是 7~10 倍的放大倍率。

双筒望远镜轻巧方便，是观鸟时必不可少的工具。

请把你观察到的，用"图画＋文字"的方式，记录下来。

雨水

鸟儿快来新"食堂"

在你家院子里的大树枝或者阳台上，找个比较隐蔽的地方，系上一个鸟食槽。鸟食槽可以自己动手做。你可以发挥想象，先画张草图，再动手让草图变为现实，为鸟儿做个新"食堂"。

新"食堂"里准备什么吃的呢？鸟儿不挑食，什么样的食物都吃。昆虫、肉和鱼，含有大量的营养物质，是它们所偏爱的。很多鸟喜欢吃樱桃、葡萄、桃子等果实和植物的种子。你也可以准备一些米粒、麦粒或是面包渣、瓜子、蔬菜，并准备一些水。

鸟儿在飞翔的时候，需要消耗大量的能量，所以你为它们开设的新"食堂"，一定会受到欢迎。但你需要耐心地等待，也许要过几天，甚至是一个星期，鸟儿们才会发现新"食堂"。它们一定会开心地享用，并且从此常常光顾。

你在什么地方装上了鸟食槽？鸟食槽是什么样子？你准备了什么食物？鸟儿们什么时候发现了你为它们准备的新"食堂"？有些鸟儿喝水会让水进入口中，再仰头喝进肚子里。你观察到的小鸟是怎样喝水的？它们是怎样津津有味地用餐的？在树枝上停留的时候，它们如何保持平衡？它们怎样清洁羽毛？

请用"图画＋文字"的方式，把你的观察记录下来。

不过，野鸟投喂一定要注意技巧，谨慎尝试，要在避免人类活动干扰和伤害的前提下进行。

雨水

雨 川 灬 雨

三(3)班
侯锦程
17号

2月19日 雨水

侯锦程 手书

惊蛰

春雨惊春清谷天

惊蛰

惊蛰节气，是春耕的开始。"微雨众卉新，一雷惊蛰始。田家几日闲，耕种从此起。"每年的3月5日或6日，太阳到达黄经345度时为惊蛰。春雷始鸣，震醒了地里蛰伏的虫子。气温上升迅速，万物在努力生长，不断壮大。

惊蛰三候

惊蛰之日，桃始华。南方暖湿气团开始活跃，春暖花开。五天过后，仓庚鸣。仓庚，就是鸣声嘹亮圆润的黄莺。"春日载阳，有鸣仓庚。"阳光和暖，黄莺歌唱。再过五天，鹰化为鸠。鹰与鸠是两种不同的鸟，古时候的人不知道鹰飞往北方繁衍后代了，误以为声声求偶的鸠是由鹰化身而来。

惊蛰自然笔记

与一朵花相处

做一张桌子，需要木头；

要有木头，需要大树；

要有大树，需要种子；

要有种子，需要果实；

要有果实，需要花朵；

做一张桌子，需要花一朵。

花朵用它们的芳香、色彩和姿态，给我们的世界带来了美丽，给我们的生活带来愉悦。餐桌上，花瓶里的鲜花正开放。公园里，鲜花迎接大家的到来。小路边，野花星星点点。

　　鲜花不仅装点着我们这个世界，它还有很多用处。正如贾尼·罗大里所写的那样，"做一张桌子，需要花一朵"。豌豆、玉米、梨、桃、橘子、西瓜、南瓜、丝瓜、苦瓜、甘蔗，这些水果和蔬菜，也需要"花一朵"。因为没有花朵，就没有果实。

　　一朵花，花萼起着保护花朵的作用。雄蕊由带着花粉的花药和细长的花丝组成，雌蕊由柱头和花柱组成。大多数花有一圈雄蕊和一个雌蕊，雌蕊被雄蕊包围、簇拥着。雄蕊和雌蕊同时存在于一朵花中，这样的花叫两性花。而有的花朵只有雄蕊或雌蕊，这样的花就被称为单性花。

　　许多花朵会散发出芳香的气味。这是它吸引昆虫来帮它们授粉的绝招，是对昆虫打出的"广告"。有的植物在白天散发香味，有的在傍晚或深夜散发香味。这与它们相对应的传粉的昆虫的作息时间，是相互配合的。吸引蜜蜂、蝴蝶的花朵，香气宜人；而吸引苍蝇的花朵，使人感到恶心，因为它们散发出苍蝇喜欢的腐肉的味道。

　　花朵通过授粉受精，最终形成果实和种子。花儿繁杂的种类和绚丽的色彩，是数百万年来进化的结果。它们唯一的目的，就是使自己繁衍下去。

找一朵花，和它安静地相处一段时间。

这是一朵什么花？它是双性花还是单性花？仔细观察，这朵花的雄蕊是怎样的？雌蕊呢？轻轻地摸一摸雄蕊和雌蕊，你有怎样的感觉？它的花瓣是什么颜色？摸一摸，花瓣又带给你怎样的感觉？花是含苞欲放，还是已经开放？它有几片花瓣？它的萼片是什么颜色？凑近闻一闻，花有着怎样的香味？这种香味让你想到了什么？在你和花相处的这段时间里，有蜜蜂和蝴蝶光临吗？如果有，看看它们停留在花上时有着怎样的举动。

刘亮程在《对一朵花微笑》里写道：

我一回头，身后的草全开花了，一大片。好像谁说了一个笑话，把一滩草惹笑了。

我正躺在山坡上想事情，是否我想的事情——一个人脑中的奇怪想法让草觉得好笑，在微风中笑得前仰后合。有的哈哈大笑，有的半掩芳唇，忍俊不禁。靠近我身边的两朵，一朵面朝我，张开薄薄的粉红花瓣，似有吟吟笑声入耳；另一朵则扭头掩面，仍不能遮住笑颜。我禁不住也笑了起来。先是微笑，继而哈哈大笑。

这是我第一次在荒野中，一个人笑出声来。

把你的观察用"图画＋文字"的方式记录下来。

惊蛰

寻找虫子的踪迹

　　雷公公拿出大鼓敲起来。这个超级大闹钟，把藏在泥土里睡觉的小虫子给闹醒了。小虫子好想再睡一会儿呀。啊，就一会儿。可是雷公公的大鼓总在敲，耳朵都要被震聋啦。小虫子们说，哎呀！不睡啦，不睡啦，出来活动啦。

　　蛰伏在地下不想出来的小虫子，是不是有点像赖在床上不起的你呀？现在，起床的小朋友，去找找出来活动的小虫子吧。告诉你一个小秘密，在叶子的背部，在卷曲或变形的叶子上，在草丛里或树干上，更容易发现虫子的踪迹。

　　如果你无法确定虫子的名称，可以问问老师，也可以自己查阅图鉴。如果你抓到了虫子，请在观察完毕后再将它放回原处，尽量不让它受伤。

　　请把你的观察和体会用自然笔记的方式记录下来。

惊蛰

又是一年桃花开

阳光满满。满眼是蜜蜂的嗡嗡嗡嗡。枝枝桃花，斜斜伸到池塘上方。回眸一水池流枫年，辉映在池塘里连涂已呈黑色的枝杈上。巫生民说，就是三月三了。池塘校校又摇摇，山山山水，在风中颤动。好思念们在长编青青草的回里，晃荡。

2017年3月20日 11:00 中乡村的家

朱爱朝 手书

2006.3.8.谢天成

谢天成 手书

春分

春雨惊春清谷天

春分

　　每年的 3 月 20 日或 21 日，太阳到达黄经 360 度，也是 0 度时，进入春分。春分，正好等分春季的九十天。分，也指一天中昼夜平分，各为十二小时，这一天阳光直射赤道，昼夜相等。从春分开始，白天会越来越长，夜晚将越来越短。

春分三候

　　春分之日，玄鸟至。玄，黑色。玄鸟，黑色的鸟，指的是燕子。燕子春分从南方飞来，秋分而去。春分后五日，雷乃发声。下雨时便要打雷。再五日，始电。春雨潇潇中，闪电划过天空。

春分自然笔记

晨起听鸟鸣

　　早晨是鸟儿最活跃的时候。它们叽叽喳喳，一片欢声。当然，其他时间里也会有鸟儿鸣叫。

　　鸣管是鸟儿的发声器官，位于气管和支气管交界处。鸣管区域有一层薄膜，当这些薄膜随气流振动时，就形成了鸟的叫声。

　　即使在比较喧闹的环境之中，鸟儿也可以分辨出声音的细微差别。鸟儿的耳朵位于头部的侧面,一般被蓬松的羽毛覆盖。鸟的听力极好，可以无阻碍地听到远处的声音。因此，就算是

距离比较远，鸟儿也常常通过叫声来相互联系，就像我们人类通电话一样。

鸟儿的歌唱，也可能是在向其他鸟儿宣告："这是我的领地。"歌声成为它防卫的武器。

有的鸟儿边唱边扇动翅膀舞蹈，那很可能是雄鸟为了吸引雌鸟而做出的举动。那个时候，也正是这种鸟的繁殖期。

可以在一个早晨，听一听鸟的婉转啼鸣。

鸟儿们站在哪里啼鸣？你能看到它们吗？它们是各自歌唱，还是先有一只鸟领头，然后其他鸟跟着叫起来？它们的声音像什么？例如"布谷布谷""哆咪哆咪"。它们是总在重复一个乐曲片段，还是从开头到结尾，一直有不同的乐音出现？你能听出它的歌声所传达的意思吗？

请把你的观察和感受，用"图画＋文字"的方式记录下来。

春分

春分

用植物的汁液来画画

平时画画，你喜欢用蜡笔、彩铅，还是水彩笔？

其实，大自然中有许多天然的颜料。栾树细碎的落花，可以涂抹出黄色；樱花可抹出红色；柳叶能涂出绿色；鸭跖草能画出蓝色。满地紫黑色的香樟果实，果皮里可以挤出紫色的汁液；龙葵的果实里，饱含紫黑色的汁液；枸杞的果实是鲜红的；黄栀的果实是橙色的。赤、橙、黄、绿、青、蓝、紫，我们需要的颜色，在大自然里都可以找到。

请用花、果、叶的汁液来完成这次的自然笔记，你可以用植物的汁液直接涂抹，也可以挤出汁液后，用毛笔蘸着在纸上画画。图可画得简单一些，再添上文字的部分。

自然笔记完成之后，把用植物汁液涂抹的画在火上烘烤，看看颜色会发生怎样的变化。

春分

柳　树

天气逐渐热起来了，所有植物几乎都拥有大绿发或者各式各样的装饰，柳树的绿叶逐渐变深了，树干也变粗壮了，远远望去，一片翠绿。

四(3)班　胡靖凡
2015年3月31日

胡靖凡　手书

清明

春雨惊春清谷天

清明

清明在每年的 4 月 5 日前后，此时太阳到达黄经 15 度。"万物生长此时，皆清洁而明净。"清明，既有"清明时节雨纷纷，路上行人欲断魂"的哀伤，也有踏青、植树、荡秋千、放风筝的喜悦。

清明三候

清明，春和景明。一候，桐始华。白桐花开放。二候，田鼠化为鴽。清明后五日，喜阴的田鼠不见了，回到洞中，而喜爱阳光的鴽鸟，也就是鹌鹑，开始出来活动。三候，虹始见。此时，雨后的天空能见到彩虹了。

清明自然笔记

仰望天空中的云

选择一个多云的天气，到户外安静地躺下，仰望天空，开启一段和天空独处的时光。

如果是晴天，可以躺在树下或者阴凉的地方仰望。注意不要直视太阳。

天空是什么颜色？它让你想到了什么？天空中有云朵吗？

云由液态的小水滴和固态的小冰晶聚合而成，能够毫不费力地飘浮在空中。

饱含水蒸气的空气上升，随着高空温度的逐渐下降，空

气中的水汽达到饱和，部分水蒸气就会凝结成小水珠，温度低于零度时凝化为冰晶。这些小水珠和冰晶附在尘埃等微粒上，就聚合成大小不一、形状各异的云。

有了云，阳光就没有那么刺眼，天色会暗下来一些，天气会比较凉快。天气的状况往往因为云的多少而有所不同。气象学以云量来区分天气，云量是指天空被云遮蔽的程度，可分为0~10个等级，天空无云或总云量少于1成时，为"晴"；总云量为1~3成时，为"少云"；3~7成时，为"多云"；云量8成以上为"阴"。

云的形状有很多种。在严寒的高空中形成的云，叫卷云，它们是由冰晶而不是小水珠组成的，温度很低。蓝蓝的天空上，美丽的卷云很像一片一片的羽毛。比卷云稍低一些的是层云。这些云里面常常是冰粒和水珠混杂，但也有只含水珠的。位置最低的层云，给地面带来清凉，但太阳一出来，它就会消失。

和轻而薄的卷云不一样，积云十分厚实，云层会从低空延伸到高空。夏天的积云，在强烈阳光的照射下，白得发亮。积云的云头很高，常常带来雷雨，变成积雨云。

决定云颜色的是照到云的阳光。当太阳从西边落下时，云彩会变成红色，而落日后的余晖，会让云变成紫红或者暗红色。如果要见到拥有赤、橙、黄、绿、青、蓝、紫七种颜色的彩虹，则需要雨过天晴。"东边日出西边雨"的时候，我们更容易看到美丽的彩虹。

　　你在天空中看到了哪些形状的云？你觉得它们像你在生活中看到的什么物体？耐心地盯着一朵云看几分钟，它的形状会变化吗？如果变化了，它是怎样变化的呢？

　　云的颜色也有很多种。你看到的云是怎样的颜色？

　　云会移动吗？让我们选择高大的建筑物或者树木作为标记，看看云在这个标记的什么位置，把它画下来。十分钟之后，再看看云有没有移动，把它在标记物的位置画下来。对比一下，你有什么发现？把你的发现用文字表达出来。

清明

春种一粒豆

春天来了，万物萌发。在泥土里或是装满清水的盆里种下一粒豆。一天天成长变化的豆豆朋友，将让你拥有一个不一样的春天。

用"图画＋文字"的方式把你种豆的过程和感受记录下来。

豆豆的名称				
第一周				
第二周				
第三周				
第四周				
第五周				

清明

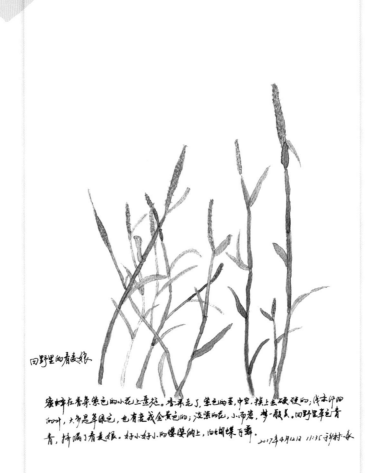

田野里的看麦娘

蜜蜂在紫色的小花上蹚蹚。杏果走了，绿色的茎，中空，摸上去硬硬的，戈本仰的的叶，大多是草绿色，也有走戎金黄色的；淡紫的花，小而密，很一眼其。田野里草色青青，掉隔了看麦娘。好小好小的蜜蜜纳上，向蝴蝶下弃。2017年4月12日11:35于乡村小家

朱爱朝 手书

谷雨

春雨惊春清谷天

谷雨

谷雨，雨生百谷，雨水滋润着农作物的生长。每年 4 月 20 日或 21 日，太阳到达黄经 30 度时为谷雨。谷雨是春天的最后一个节气，每年到了这个时候，雨水明显增多，春水满池塘。

谷雨三候

一候，萍始生。浮萍开始生长。二候，鸣鸠拂其羽。鸠，布谷鸟。布谷鸟催促着"家家种谷"，不要错过播种的好时节。三候，戴胜降于桑。戴胜，又称鸡冠鸟。这个时候，可以在桑树上见到戴胜鸟了。

谷雨自然笔记

叶茎拉力赛

　　被子植物都具有根、茎和叶。根固持植物，吸收水分，储藏养分；茎输导水分和营养物质，支撑叶片；叶片吸收着阳光，进行光合作用和水分蒸散。植物的每一个部分，都发挥着自己的作用。

　　植物的根部吸收的水分和养分，会由茎来输送。我们在生活中看到的植物，有些茎笔直地向上伸展，还有一些茎不是这样，有的缠绕，有的攀缘，有的匍匐。例如南瓜的茎会沿着地面爬，扁豆的茎会缠绕在其他植物上慢慢伸展。

我们可以通过游戏，来感受一下茎的柔韧度。用车前草的叶茎，可以玩叶茎拉力赛。车前草在草地、沟边、田间和路旁都能找到。每人拿一根叶茎，交叉在一起，用两手分别抓住叶茎的两头。接着，两人用力把叶茎向自己的方向拉扯。在拉力赛的过程中，叶茎先断的，就输了。你也可以用别的植物的叶茎，和小伙伴一起来玩这个游戏。

　　你是在哪里找到植物叶茎的？你和谁一起玩叶茎拉力赛？比赛的过程是怎样的？最后谁获胜了？

　　请你用"图画＋文字"的方式，进行记录。

谷雨

做落花项链或花环

春天，我们常常会看到满地的落花，特别是在雨后。

原先在高高枝头上的花朵，此时掉落在地。看看它的花瓣，同一种颜色是否有深浅变化？再摸一摸花瓣和花蕊，感受花朵特有的柔软。高年级的同学可以了解一下花朵的构造。找一找雄蕊的花药和花丝，雌蕊的柱头、花柱和子房。数一数花瓣有几片。把花瓣从外到里一片片取下来摆放好，你会发现，有些花朵的花瓣大小一样；有的花朵，里侧的花瓣比较小，越往外侧花瓣就越大。

把粉红的桃花或者樱花的花瓣，一瓣一瓣用针和线串起来，可以做成花瓣项链或者手链。至于如何用针线，你可以向大人请教。如果有的花掉落下来，花瓣还没有散开的话，就可以用线或者绳子，穿过花朵的基部，做成项链。

我们还可以试一试不用针、线和细绳，直接通过花茎的连接做出花环。如果花茎比较柔韧，可以直接把花茎弯曲缠绕起来；如果花茎容易折断，可以在花茎上切开一个小口，再把另外一条花茎从这个小口穿过去。通过尝试，一定能找到合适的方法，把收集到的花朵串成美丽的花环。

请你把观察和制作的过程，用"图画＋文字"的方式记录下来。

谷雨

谷 穀　　　4月20日　谷雨

海　棠

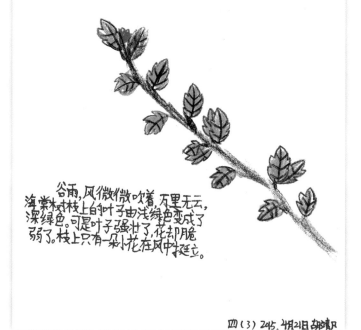

谷雨,风微微吹着,万里无云,
海棠树枝上的叶子由浅绿色变成了
深绿色。可是叶子强壮了,花却脆
弱了。枝上只有一朵小花在风中挺立。

四(3)245. 4月21日 胡靖凡

胡靖凡 手书

立夏

夏满芒夏暑相连

立夏

　　每年的5月5日或6日，太阳到达黄经45度，为立夏节气。立夏与立春、立秋、立冬合称"四立"，是标志季节开始的节气。立夏时节，温度明显增高，雷雨增多，农作物也将进入旺盛的生长时期。

立夏三候

　　一候蝼蝈鸣，二候蚯蚓出，三候王瓜生。在立夏节气，蝼蝈在田间鸣叫，蚯蚓掘土而出，王瓜的藤蔓开始快速攀爬生长。

立夏自然笔记

抱抱一棵树

树，在地面上高高地站立着，大约有 3.9 亿年的历史了。树木是动物和植物的家园，也是人类的好伙伴。在光合作用下，树叶吸收二氧化碳，释放出对人类生命非常重要的氧气。

树给我们带来绿荫和新鲜的空气，树让我们的生活更加美好。有了树木，我们的一天过得如此愉快。我们无法想象，如果没有了树，这个世界会怎样。

观察一棵树，可以从裸露在地面的树根开始，看看露在地面的树根像什么。树根支撑着树干，也固定住了周围的土壤。

树根在地下纵横交错，努力地寻找水分。这些水分通过树干和树枝，被送到了树叶上。

仔细观察树干。远看，树干是什么颜色？近看，树干上的颜色有没有深浅之分？上面有坑坑洼洼的地方吗？有伴生的植物吗？有昆虫留下痕迹吗？

抬起头来看看树枝。树枝是笔直地向上长，还是像伞一样撑开？粗的树枝有你的胳膊粗吗？细的树枝呢？有的时候，我们需要给树"理发"，剪去不必要的枝叶。修剪掉多余的枝叶能让树长得更加根深叶茂，郁郁葱葱。

最后，一起来看看树叶。大多数树叶是什么颜色的？有颜色不同的树叶吗？

站在树下，或者在树下安静地盘坐，双手放在膝盖上，轻轻地闭上眼睛。听一听，当风吹过来的时候，树叶发出了怎样的声音？叶子发出的响声，仿佛在悄悄地告诉你怎样的秘密？

张开双手，抱一抱这棵树。你能抱拢它吗？用你的脸颊轻轻地去蹭蹭树皮，是怎样的感觉？树皮对一棵树非常重要。树皮外层对树木有保护作用，内层负责输送叶子通过光合作用所产生的能量。所以，一棵树如果没有了树皮，就会失去生机。如果是在早春，请把耳朵紧贴在树干上，看是否能听得到树液流动的声音。这是树在为新一年的生长做准备。

把你的观察和感受，用"图画＋文字"的方式记录下来。

立夏

看看一片叶

夏天到来，满树都是繁茂的叶。金文的"叶"字，是一棵大树上长出了三根新枝的样子，枝上还有表示树叶的小点。

树叶一年四季都可以看到。大自然像个魔法师，它让每个季节都有不同颜色的树叶。

春天和夏天，白天阳光充足，叶子利用阳光为植物制造养料。春天的树叶，是浅浅、嫩嫩的绿，绿得鲜明，绿得让人充满喜悦。各色的花，白的，粉的，黄的，在树叶间露出笑脸。夏天的树叶，郁郁葱葱。此时的绿，深了很多，也沉静了很多。树叶间的花朵大多消失了。

秋天，白天越来越短，阳光也没有那么充足了。秋天的树叶，唱着歌从树妈妈的怀抱中挣脱出来，慢慢悠悠飘落大地。金黄、赫红、鲜橙、茶褐，色彩斑斓。

冬天的树叶失去了光彩。凛冽的寒风把悬挂在树枝间的叶子吹落下来。它们已经没有了水分，常常呈现出深深的茶色或是暗淡的灰色。落叶渐渐腐烂，化入大地，变成其他植物的养料。冬天的树枝，光秃秃的。仔细看，会发现树枝上有一些鼓鼓的包。每一个鼓包都是一个小叶芽。最初的叶子蜷缩着身子，躲在小包里，避过严寒与冰雪。第二年春天，当温暖的阳光照亮大地，小叶芽醒了，它们使劲地冲破包裹自己的小包，把小小的嫩叶

舒展开来。

对于一棵树来说,树叶有着怎样的作用呢? 树叶利用阳光、空气和从根部所得到的水分,来制造树生长所需要的养料,像一座绿色的加工厂,日夜都在运转。

根据树叶的形状,树木有阔叶树和针叶树之分。针叶坚固的表面可以避免流失太多的水分。针叶上有一层蜡,冬天天干物燥,水分减少,这层蜡可以避免树木变得干燥。

叶子分为完全叶和不完全叶。有叶片、叶柄和托叶三个部分的叶子,被称为完全叶。托叶,就是长在叶柄最底下的两片叶子。如果缺少了这三项之中的任何一项或者两项,就称为不完全叶。例如,枫叶没有托叶,百合花的叶子既没有叶柄,也没有托叶。

树叶叶片上有许多叶脉。有的叶脉从基部延伸到叶尖都是平行的,叫平行脉;有的像网一样,就叫网状脉;还有的像银杏叶一样是叉状脉。从树的根部到达树叶的水分和养分,会沿着叶柄和叶脉,输送到整片叶子上。叶片中多余的水分会变成水蒸气,由叶片背面的气孔排出。除了气孔之外,在叶子的边缘还有许多水孔。气孔到了晚上会自动关闭,水孔却一直打开。清晨,我们有时会看到叶子边缘有许多水滴,这些水滴就是夜间由水孔排出的多余水分。

让我们一起来观察一片树叶。

先看形状。叶子的形状千姿百态。即便是在同一棵树上，叶子的形状也会有所不同。柳叶是披针形，梧桐叶是掌状，银杏叶像一把小扇子，山核桃叶像羽毛，松树叶是针形，马褂木的叶子真像一件马褂。樟树叶椭圆形，紫荆叶心形，乌桕叶菱形，向日葵的叶卵形，侧柏的叶鳞形，车前草的叶匙形，旱金莲的叶圆形，荞麦的叶三角形，菩提树的心形叶拖着尖尖的尾巴。

同一棵树上的叶子，大小、形状并不会一模一样，有些树幼年期的叶子和成年期的叶子甚至会长得完全不同。

叶子一般是绿色的，这是因为叶子里面含有叶绿素。有的叶绿素在叶子发芽的时候就形成了，所以嫩叶就是绿色的。但我们会发现，有些树的嫩叶是红色的，甚至是蓝色、紫色的，这是什么原因呢？这些叶子的叶绿素在发芽的时候还没有形成，但是叶子里有花青素，花青素会根据植物体内的酸碱度来改变颜色，有时是红色，有时也变成其他颜色。

你观察的这片树叶，它是什么形状呢？你觉得它像什么？再看叶的边缘是什么样，叶脉是怎样的？叶的颜色又是怎样的？叶子的背面和正面有什么不一样？

摸摸一片树叶。树叶的正面是什么触觉？背面呢？闻闻一片树叶。树叶散发出怎样的气味？不同树的树叶气味相同吗？

把你对一片叶的观察和感受，用"图画＋文字"的方式记录下来吧。

立夏

立夏

立夏 彩蛋

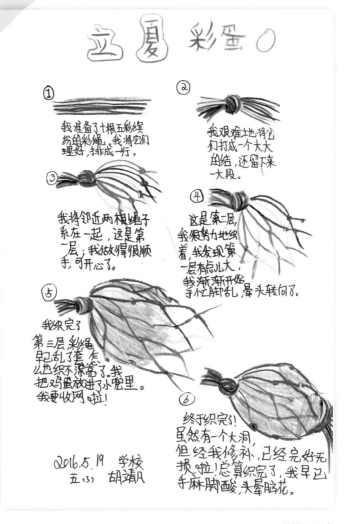

① 我准备了十根五彩缤纷的彩绳，我将它们理好，排成一行。

② 我艰难地将它们打成一个大大的结，还留下来一大段。

③ 我将邻近两根绳子系在一起，这是第一层；我做得很顺手，可开心了。

④ 这是第二层，我很努力地织着，我发现第一层有点儿大，我渐渐开始手忙脚乱，晕头转向了。

⑤ 我织完了第三层，彩绳已乱了套，怎么地织不漂亮了。我把鸡蛋放进小兜里。我要收网啦！

⑥ 终于织完了！虽然有一个大洞，但经我修补，已经完好无损啦！总算织完了，我早已手麻脚酸，头晕脑花。

2016.5.19　学校
五(3)　胡靖凡

胡靖凡 手书

小满

夏满芒夏暑相连

小满

"小满小满，麦粒渐满。"每年5月21日前后，太阳到达黄经60度时，为小满。此时，大麦、冬小麦等夏熟作物，谷物的浆液刚刚充满，籽粒变得饱满，但尚未成熟，所以叫小满。

小满三候

一候，苦菜秀。在古时候，到小满时节，储备的粮食已经吃完。荒滩野地上破土而出的野菜解决了粮食短缺的问题。二候，靡草死。一些喜阴的枝叶细软的草类，在强烈的阳光下枯萎死亡。三候，麦秋至。这里的"秋"不是指秋天，而是指麦子由青转黄，开始成熟。

小满自然笔记

画苦菜

食苦菜是小满的节气习俗之一。古时候，人们食苦菜主要是为了填饱肚子。小满时节，去岁的粮食已经吃完，大麦虽渐渐饱满，却还没有成熟，正是青黄不接的时候。吃苦菜，可以补充粮食的短缺，对付饥荒。

小满时节，会吹一些极为干热的风。"干热风"就是又干又热的风，温度高、湿度低，不仅伤害农作物，也让人体内的热量不断增加，出现"热"症，很多人会不想吃东西，觉得四肢无力。生长在田边山野的苦菜，有清热、解毒的功效。吃苦

菜能缓解人体的燥热症状，去热排毒，促进消化。

凉拌苦菜时，先把苦菜在热水里烫熟，再捞出，用盐、醋、蒜泥或辣椒等来调味。你可以和妈妈一起学做一道凉拌苦菜，感受小满食苦菜的习俗。还可以把苦菜的样子或者食苦菜的经过，用"图画＋文字"的方式记录下来。

小满

玩泥巴

在大自然中，好玩的"玩具"随处可见。

我们脚下的泥土，就可以用来玩游戏。

摸一摸，干干的泥土是什么手感？加入水之后再摸一摸，发生了怎样的变化？

用泥巴围一个小水坑，在里面放上水，再用树叶或者纸折的小船，在里面玩游戏。

把泥巴揉搓，捏成你喜欢的物体，比如方方的盒子，也可以揉成一个个圆球。当你揉泥巴的时候，手上会沾上什么？容易洗掉吗？你可以找一个光滑的斜坡，和小伙伴一起玩滚泥球的游戏。你也可以将这些圆形、方形的泥巴，进行再组合、再创造，做出你喜欢的造型。当这些泥土做成的作品晒干以后，你又有了怎样的发现？

把你玩泥巴的观察和感受，用"图画＋文字"的方式记录下来。

小满

玩沙

沙，无处不在。细细的沙，从哪里来？

沙子来自于坚硬的岩石。高山和峭壁的岩石经过多年风雨的侵蚀，分解形成了碎块。

河流和大海，用极大的耐心磨损着石块。水流会挟带着这些石头碎块向下游流去。河水的力量虽然温柔，但在日复一日的漂流和冲刷之下，碎块会越变越小，越来越轻。大海造沙的时候，更为强悍。大潮涨起落下，乱石穿空，惊涛拍岸。在巨浪的猛烈拍击下，石头渐渐变成细沙。海边的沙子和河边的石头，来自于海水与河流的侵蚀、搬运和堆积。

用沙可以玩什么游戏呢？干燥的沙子，和加了水的湿润的沙子，玩起来的感觉有什么不一样？

试着把沙子堆成一座小山，在沙堆上浇一些水，它会不那么容易倒塌。你可以用小铲子或者你的手，尝试着在沙堆里挖出小洞、小桥。挖的时候要小心一些，慢慢来，因为沙子很容易塌下来。可以挖一个小池，或挖一条河道，在里面蓄水。在"水池"和"河流"里，可以放上落叶当船。你会发现，"水池"和"河流"中的水会渐渐变浅，因为水会慢慢渗入沙子当中。

你和小伙伴还会怎样来玩沙？请把你的观察、发现，用"图画＋文字"的方式，记录下来。

小满

找找蝉的旧壳

蝉的一生，会经历卵、幼虫、成虫三个阶段。

卵有米粒大小，也像米粒一样白。雌蝉和雄蝉交尾以后，会把产卵管插入树干或者枯枝里面，把卵产下来。

第二年的夏初，蝉宝宝会从卵中孵出来。刚孵出的蝉宝宝有着薄薄的皮。它爬出卵壳以后，会立刻蜕皮，然后离开枝干，钻进土里，一般会在土里生活五年到十几年。到了十月，幼虫就会蜕皮。每蜕一次皮，幼虫就会长大一些。当幼虫成熟后，会在夏初钻出泥土，爬到树上，等待羽化。它的爪子牢牢抓紧树干，固定住身体。当背部裂开缝隙时，成虫借助身体的蠕动从裂缝中出来，挣脱旧壳后，便伸展双翅。过了片刻，它翅膀的颜色会渐渐变深，身体也变得硬实起来。当风把翅膀吹干后，它就可以飞起来了。

蝉的身体分为头、胸、腹三个部分。它的头部有触须、复眼和嘴。蝉的嘴是一根尖锐的长长的吸管，它会把吸管插入树根或树干，吸食树的汁液。蝉有三对腿，两对翅膀。雄性蝉的腹部有一对像壳一样的鼓鸣器，当声肌收缩时，鼓膜振动，就会发出"知了""知了"的声音。雌性蝉没有发音器，有产卵管。大部分蝉都在白天鸣叫，像熊蝉、寒蝉、草蝉。也有只在黎明或傍晚时鸣叫的蝉。蝉鸣主要是用来求偶，但不同的节奏也代表着不同的意思，有时代表攻击，有时表示受到了惊吓，有时是宣告领地，有时又有着警告的意思。

在初夏，找找蝉蜕下的旧壳。看看它是什么颜色的，旧壳和蝉相比，有哪些相同和不同的地方？有的旧壳上沾了泥土，有的旧壳却非常干净，从你找到旧壳的地方推想一下，为什么会这样？

请你用"图画＋文字"的方式，在左边画上旧壳，在右边画上蝉的样子，并用文字记录下你找到旧壳的经过。

小满

2017年6月4日 10:50　蕹菜开花了

蕹菜回廊上印着篆包似痕迹心花。源印象，状如刺叭。辣椒开花了，六角形心白色花，在绿叶与青青。
辣椒间，捧让失来。稻回草生了，水沼浸水。有人在田心一角，细土细末。细草细心，把那一小块地方
羊羊茎。身心区扣临，风心区不决。叶心，总在数羊群。杨绒之木。总在爬呀爬呀爬心池过里，一个小圈，之
一个大圈，总见心们在吐泡泡。

朱爱朝 手书

这是一棵纯天然、无添加的苦菜，
绿油油的，据说味道很苦。

这是一片凉拌了的苦菜

我吃了苦菜之后，觉得
一点也不苦甚至还有
点儿辣，而且很咸，
还有一丁点儿甜，我怀
疑着的舌头出问题了。

小满之日苦菜秀　　　　　　　五(3)班 范芮萌　2016.6.2

范芮萌 手书

芒种

夏满芒夏暑相连

芒种

每年6月5日或6日，太阳到达黄经75度时为芒种节气。这是一年中最忙的时候，大麦、小麦等有芒作物可以收割了，晚谷、黍、稷等夏播作物也要赶着播种，人们忙碌而辛苦。所以，芒种的意思就是"有芒的麦子快收，有芒的稻子可种"。

芒种三候

一候螳螂生，二候鵙始鸣，三候反舌无声。螳螂在前一年深秋产下的卵，感受到阴气初生，破壳变成小螳螂。喜阴的伯劳鸟开始在枝头鸣叫。而能够学习其他鸟鸣叫的反舌鸟，却因感受到了阴气而停止鸣叫。

芒种自然笔记

蝴蝶——飞行的花

你读过迈克尔·布洛克的《蝴蝶》吗?

春天的第一只蝴蝶,

身披橙色和紫色,

从我的路上飞过。

一朵飞行的花,

改变了我生活的颜色。

蝴蝶给我们的生活带来了美丽与光亮。

再来读读林焕彰的《花和蝴蝶》。

> 花是不会飞的蝴蝶，
>
> 蝴蝶是会飞的花。
>
> 蝴蝶是会飞的花，
>
> 花是不会飞的蝴蝶。
>
> 花是蝴蝶，
>
> 蝴蝶也是花。

我们常见的蝴蝶喜欢生活在鲜花绽放的草地和树林中，比较容易捕捉，它们飞得不高，往往流连于鲜花和灌木丛中。

蝴蝶喜欢在温暖的地方生活，但在特别严寒的地方，比如格陵兰岛、喜马拉雅山脉海拔高达6000米的地区，也有蝴蝶的身影。色彩缤纷的蝴蝶优美地拍打着翅膀，给世界增添了活力。

蝴蝶喜欢在白天活动，在阳光下飞舞。蝴蝶的翅膀上覆盖着一层粉状的鳞片。鳞片的形状和颜色各不相同，因此构成各式各样的斑纹，让蝴蝶的翅膀看起来鲜艳而美丽。蝴蝶最爱拜访花朵，用喙管吸食花蜜。它们也喜欢吮吸水果的汁液和树木的汁液。

蝴蝶从卵到成虫的变化过程极为奇妙。和雄蝶交配之后，雌蝶会找到一个安全的地方产卵，既要能保护卵免受恶劣气候的影响和天敌的攻击，又方便为幼虫提供食物。雌蝶会一个一个或者直接成批地把卵产在植物叶片的背面，每次产卵的数量从几十到几百粒不等，由所获营养决定。

从卵里孵化出的，是与成虫形态完全不同的幼虫，不同种类的蝴蝶幼虫外表差别很大。大多数幼虫有绒毛和刺，下颚特别有力。幼虫喜欢吃新鲜的叶子，它是大胃王，从早到晚都在吃。幼虫拼命地吃，是为了不断长身体，为化蛹储存足够的脂肪。幼虫虽小，但面临危险之时，也能够勇敢地保护自己。例如金凤蝶的幼虫在感受到危险时，会翻起它长在颈部的角，从角中喷出一种极其难闻的分泌物。

有些蝶类的幼虫到了晚上会挤挤挨挨聚在一起，这样比独自一个更加暖和，成长速度也会快一些。等到最后一次蜕皮完成之后，它们才会依依不舍地分开，进入黑暗孤独的蛹的时期。

幼虫蜕皮的次数一般是4~6次，然后它会找一个安静的地方化蛹。之后蛹壳破裂，成虫破茧而出，成为一只美丽的蝴蝶。蝴蝶伸展开翅膀，体液流进翅膀中的血管里。大约几十分钟后，蝴蝶的身体和翅膀变硬，就能飞起来。

从毛毛虫到彩蝶，生命的变化过程是如此不可思议，又如此令人敬畏。

常见的蝴蝶有凤蝶、粉蝶、蛱蝶。有的蝴蝶生命大约只能持续 1~6 个星期，也有些蝴蝶能活 10 个月。

　　人类很喜欢阳光下翩翩飞舞的蝴蝶，同时却也是蝴蝶的敌人。蝴蝶的生存环境遭到了人类的破坏，世界上三分之二的蝴蝶濒临灭绝。我们多么希望，"唯有蜻蜓蛱蝶飞""流连戏蝶时时舞"的景象，能永远在生活中见到。

　　蝴蝶是传播花粉的重要昆虫之一。在花上吸食花蜜的时候，花粉会附在蝴蝶身上，被它带到另一朵花上去，起到为花朵授粉的作用。

　　让我们一起来到花园、菜园或者树林，找一找美丽的蝴蝶。我们也可以守候在蝴蝶最喜欢的花朵附近，等待它的到来。请你悄悄地靠近它，找一个适合观察又不会吓跑它的位置，安静地坐下来。如果你有照相机，可以为它拍几张照片。拿出你的放大镜，仔细看看蝴蝶的样子。如果你带了关于蝴蝶的图鉴，可以查一查这只蝴蝶的名称。蝴蝶停在花上的时候，一般会把翅膀合拢，竖立在身体背面。你发现这一点了吗？

　　最后，请把你观察的时间、地点、周围的环境、蝴蝶的飞行方式、它喜爱吃的食物，以及你最感兴趣的地方，用"图画＋文字"的方式，记录下来。

芒种

芒种

蝴蝶的"花衣裳"

蝴蝶给我们的世界带来了绚丽的色彩。它们彩色的翅膀，以及翅膀上各种形状的花纹，让我们着迷。

凤蝶是世界上最有名、最美丽、体形最大的蝴蝶，它们大多生活在热带地区，翅膀很大，颜色非常鲜艳。

粉蝶的翅膀，正面大多是白色、黄色、橙色或者黑色。粉蝶在静止的时候，会把背上的翅膀并拢竖起来。

蛱蝶在世界上约有6000种。在所有的蝶类中，蛱蝶的外貌最为复杂多变，每一只的斑纹色彩都不尽相同。

在一个鲜花盛开的地方，找一找蝴蝶的身影。当你发现它们的时候，不能惊喜地叫喊或者吵吵嚷嚷，也不能很快地跳到它们跟前。请你轻轻、悄悄、慢慢地靠近它们。为了观察得更清楚，请记得带上望远镜。

你观察到的这只蝴蝶，它的"花衣裳"有哪些颜色？是什么样的花纹？它的前翅和后翅大小一样吗？当它静止下来的时候，翅膀并拢了吗？当它飞翔的时候，翅膀又是怎样的？

请把你的观察，用"图画＋文字"的方式，记录下来。

芒种

雨走过的地方

　　芒种时节，南方进入了阴雨连绵的梅雨期，这样的天气要持续一个月左右。下雨的时候，请用专注的心灵和敏锐的目光，观察雨走过的地方：街道，樟树的叶尖，你正撑起的小伞……并听听雨和它们有怎样的对话。请你用文字或图画把你的观察记录下来。

芒种

火红的美人蕉

2016. 6.19.

于孙村水库

朱爱朝 手书

夏至

夏满芒夏暑相连

夏至

　　每年的 6 月 21 日或 22 日，太阳运行至黄经 90 度时为夏至。夏至这天，白昼最长，阳气最盛。夏至这一天的正午，物体的影子会是一年当中最短的。虽然酷热难当，但阴气却在暗暗滋生。

夏至三候

　　夏至之日，鹿角解。属阳性的鹿，在这一天感觉到了阴气，头上的角便开始脱落。夏至后五日，蜩始鸣。蜩也就是蝉，在树上高唱起夏之歌。再五日，半夏生。半夏是一种喜阴的药草，在沼泽地、小溪边或水田中生长。

夏至自然笔记

听听蝉的高鸣

　　蝉的声音，伴随着夏日的炎热而来。蝉是夏日的歌唱家，清亮的声音此起彼伏，好像从不知疲倦，也从不会为高温与暑热而烦恼。它们不止歇的歌唱，有时会让汗流浃背的人倍觉烦躁，但它们只顾歌唱，大声而持续地歌唱。如果你知道它们为了这个夏天的歌唱，已经在泥土中等了几年甚至十几年，而它们在歌唱完这个夏季之后，便会永远消失，你是否会去好好听一听？

　　你可以找到有大树的地方去听听蝉的高唱。如果你害怕明

晃晃的太阳，也可以在家里听听窗外高亢激昂的蝉鸣。安静下来，把你的耳朵打开，聆听蝉来自肺腑深处的叫声。蝉大约每隔多长时间会鸣叫？鸣叫声大约会持续多久？蝉鸣叫时最初的声音像什么，到后来又像什么？你还可以把手掌变成碗状放在耳旁，当手掌向前或者向后移动时，所收集到的声音也会有所不同。除了蝉声，你还听到了什么声音？

把你听到的、感受到的，用自然笔记的方式记录下来。

夏至

夏至

闻树叶

　　夏天来临，满目皆绿，枝叶繁茂生长。老师或者父母可以在大自然中采集不同树木的叶子，做好准备。先用一块布蒙住孩子的眼睛，再将采集好的叶子放到孩子的手上，让孩子揉一揉，闻一闻。如果是班级活动，每个人或者每组的叶子尽量不要重复。

　　之后，请孩子取下蒙眼布，去寻找自己闻过的那片叶子，再观察它与自己想象中有什么不同。最后，将整个游戏体验过程，用文字或图画的方式记录下来。

夏至

认一认树木的种类

树木按照生长类型的不同，分为乔木、灌木、藤木和匍匐类树木。

我们在生活中看到的高大树木，大多是乔木。乔木高大、粗壮，主干上会长出很多分枝。它的树干和树冠，一眼就可区分出来。

灌木没有明显的主干，植株比乔木小很多。乔木一般有6~10米高，灌木则一般在3米以下。灌木一般是丛生，从基部就分出许多枝条。由于小巧，许多灌木多用作园艺植物。

藤木没有自立的主茎，不能直立生长，最大的特点是必须依附他物向上攀缘生长。

在校园里或者附近的社区走一走，寻找乔木、灌木或藤木，观察它们，把它们的名字记录下来。然后把其中的一种画在自然笔记本上。

夏至

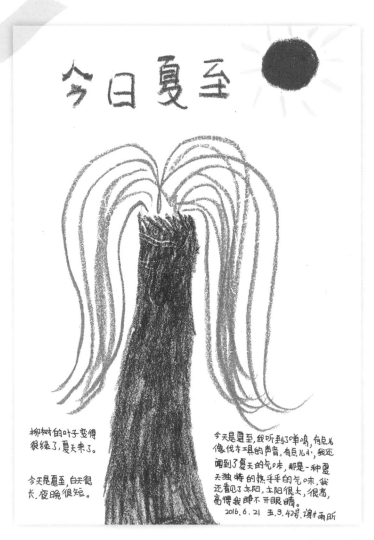

今日夏至

柳树的叶子变得
很绿了,夏天来了。

今天是夏至,白天很
长,夜晚很短。

今天是夏至,我听到了蝉鸣,有点儿
像伐木琚的声音,有点儿小,我还
闻到了夏天的气味,那是一种夏
天独特的热乎乎的气味,我
还看见了太阳,太阳很大,很高,
高得我睁不开眼睛。
2016.6.21 五.3.42号.谢雨昕

谢雨昕 手书

116

小暑

夏满芒夏暑相连

小暑

每年的 7 月 7 日或 8 日，太阳到达黄经 105 度时是小暑。天气已热，但尚未达于极点，所以叫"小暑"。夏的威力开始散发出来。人们像是处在天地之间的大蒸笼中，闷热无比。蝉的声音整日都不停歇，这边的蝉声刚落，那边又起来了。

小暑三候

小暑之日，温风至。"温风"，就是热风。小暑时节，大地上便很难再有凉风了，连风中都带着蒸腾的热气。小暑后五日，蟋蟀居壁。蟋蟀生出但还在穴中面壁，不能出穴飞。再五日，鹰始鸷。地面气温太高，鹰飞往高空寻找清凉。

小暑自然笔记

感受小暑的"温风"

我们常常习惯用眼睛来观察事物，这一次，我们尝试着把眼睛闭上。请找一个通风的地方，室内和室外都可以。然后盘腿而坐，双手放松置于膝上，闭上眼睛，自然呼吸。当小暑的风吹过来时，你感觉是怎样的？你可以静静地体会，当风吹过你的头发、脸颊、手臂以及身体的其他部位时，感觉有什么不同？请感受两到三分钟，把感受记录下来。当小暑的闷热令你燥热难安时，你可以用这种静坐的方式开启心灵的眼睛，让自己的心安静下来。

小暑

一闪一闪亮晶晶

一闪一闪亮晶晶，满天都是小星星。你仰头看过夜空中闪烁的星星吗？在城市里，绚丽的灯箱广告、明亮的车灯路灯和商店的橱窗，让星空变得暗淡，使得观察星星变得越来越困难。但是，在农村，在高山上，我们可以清楚地看到美丽的星空。

现在的星空和远古时代的星空相比，几乎没有太大的变化。大多数我们能用肉眼观察到的星体都是恒星。如果在这些星体之间加一些连接线，就会形成不同的图形，我们称之为星座。

在明朗无月的夜晚，仰望星空，你看到了怎样的天幕？在天幕上，你看到了什么？离你近一些和远一些的星，看起来有什么不同？你看到最亮的一颗星，在天空的什么方向？仰望星空的时候，你内心感觉如何？如果爸爸妈妈或爷爷奶奶陪伴在你身边，请他们给你讲一讲关于星星的传说。

把你的观察和感受，用"图画＋文字"的方式，记录下来。

小暑

老天爷的眼泪，在这个夏天，满溢了。日照时节，瞬间起雨下不注。立土红。未匮，日薄口纷溅入室内。这令居室人多肉，在阴热心大见墓，故长线朴硕。

多肉

2016.7.14 4:21 某博客博

朱爱朝 手书

大暑

夏满芒夏暑相连

大暑

　　"小暑大暑，上蒸下煮。"每年 7 月 23 日或 24 日，太阳到达黄经 120 度时，为大暑节气。这是一年中最为炎热的时候，雷阵雨也较多。大暑来临，夏到了最为嚣张的时候，灼热的阳光铺盖天地，像要把大地烤熟。大暑对应《周易》中的"遁"卦，"遁"是退避，是躲藏。人人都希望能躲藏起来，逃避暑热。

大暑三候

　　一候，腐草为萤。萤火虫产在枯草上的卵，孵化而出。二候，土润溽暑。天气闷热，土地也变得潮湿。三候，大雨时行。大雷雨常会出现。

大暑自然笔记

找找草丛中的虫子

"螽斯羽，诜诜兮。宜尔子孙，振振兮。"这是《诗经·螽斯》中的一句话，常被用来祝福人们多子多孙。螽斯，在北方被称为蝈蝈。这种虫的叫声是从翅膀发出来的，传说一胎能生九十九子。盛夏来临，满眼浓绿，各种虫子在草丛间欢跃，鸣叫。你在草丛中找到了哪些虫子，请为它们画像或用语言把它们的样子描述下来。到了夜晚，各种虫子使足了劲鸣叫求偶。虫子们的叫声分别是怎样的？它们的合奏声像什么呢？你能尝试着用小诗的形式把虫声描述一下吗？

大暑

雨后听蛙鸣

青蛙是两栖类动物，常栖息于河流、池塘、稻田等地方，最爱在夏日的雨天放声歌唱。每年春天，青蛙妈妈在水草上产卵，卵渐渐孵化成蝌蚪。在春天的小池塘里，看小蝌蚪长大是一件有趣的事。黑黑的小蝌蚪，有圆圆的身子、长长的尾巴。小蝌蚪会先长后腿，再长前腿，长长的尾巴会渐渐缩短退化，最后变成青蛙。

青蛙身上最主要的色彩是绿色，这是为了保护自己，以免被天敌发现。青蛙的眼睛鼓鼓的、圆圆的，看静的东西反应慢，看动的东西时就非常敏锐了。如果飞虫在它眼前飞过，它会用极快的速度伸出长长黏黏的舌头，把飞虫卷入口中吃掉。

夏天的雨后，让我们去听听青蛙的大合唱。合唱的成员是雄蛙，听一听，最开始唱的是几只蛙？它们唱的时间是多久？旁边有几只青蛙在应和？你感觉大约有多少青蛙在唱这雄伟、洪亮的"呱呱"声？把双手放在耳边，贴近、拉开，再贴近、再拉开，听到的蛙声有什么变化？

请你用"图画＋文字"的方式把听到和感受到的记录下来。

大暑

萤火虫儿打灯笼

在爸爸妈妈或者老师的带领下，让我们一起来到夏夜的草地上。夏夜像一块幕布，萤火虫在舞台上柔美登场。我们一起去找一找萤火虫。大多数萤火虫在太阳落山之后活动。它们飞得那么悠闲、自在，一点都不着急。它们打着小灯笼，忽上忽下，忽左忽右，在夏夜里漫游。它们靠发光来诱捕猎物和吸引配偶。

萤火虫刚孵出来的时候，静悄悄地藏在腐朽的木头里或者地下。萤火虫由卵孵化成幼虫，再变成蛹，最后羽化而出。萤火虫的幼虫有一类生活在水里，以水里的螺和贝为食，还有一类生活在陆地上，吃蜗牛和蛞蝓。萤火虫对于维持大自然生物链的平衡起着非常重要的作用。当萤火虫大量减少的时候，就会造成蜗牛的泛滥。蜗牛危害农作物，会形成农业灾害。

萤火虫虽然是甲虫，却没有坚硬的壳。当你捉住它的时候，不能握得太紧。萤火虫的光不含红外线和紫外线，温度在0.001℃以下，被称为"冷光"。所以萤火虫的光是不会烧伤你的手的。

你在哪里看到了萤火虫？是几只还是一大群？它的光是什么颜色的？它是怎么发光的？当萤火虫发出光亮的时候，你觉得像什么？你看到的萤火虫有多大？是什么样子的？

请用"图画＋文字"的方式把看到的、感受到的记录下来。

大暑

草茉莉

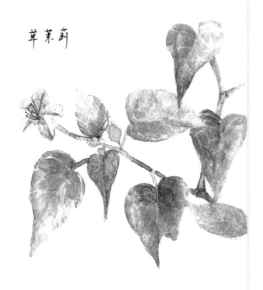

2015年8月1日上午10:15

池塘中主3粗大的树枝。甲鱼喜欢爬上树枝，晒晒风景，发发呆，晒晒两太阳，这一般日子，它们往看从树枝上爬到我们产卵前动的小房2里去。小房2里满是沙。甲鱼示意不住地钻进动中，一声不响地产卵。待卵产下，向上地用沙2掩埋好，再沿树枝爬下，翻身挣入池塘中。甲鱼卵圆圆的，白色，与鹌鹑蛋差差不多大。

我们家三两只黑山羊一早出去，特2儿圆，们咕看着回来。它们的脸上挂着笑结，很远都能听到它们回来的声音。四腿进，一次羊正尽量把身子拍句，两味两体躲在小搭树还在粗心树干上，拉长脖子去好搂树叶。

18:20 白日摄案如4劳火5紫色小花，在暮色中开放。这种守时开放小花，乡间叫"连版花"们"洗澡花"，学名"草茉莉"。紫色小花，常在下午五到六点左八点半开放。

朱爱朝 手书

立秋

秋处露秋寒霜降

立秋

"梧桐一叶落，天下尽知秋。"立秋一到，对凉意极为敏感的梧桐，便开始落叶。每年的 8 月 7 日或 8 日，太阳到达黄经 135 度时，为立秋节气。《管子》中记载："秋者，阴气始下，故万物收。"立秋是由热转凉的交接节气，也是阳气渐收、阴气渐长的时候。

立秋三候

一候凉风至，二候白露生，三候寒蝉鸣。立秋过后，风已渐渐凉爽，不同于盛夏酷暑中的热风。由于白天和夜晚温度相差较大，大地上早晨会有雾气产生。秋天感阴而鸣的寒蝉开始鸣叫。

立秋自然笔记

落叶缤纷

如果仔细观察，就会发现落叶并不是秋天的专利。一年四季，我们在大地上都可以看到落叶。

常绿树木每个季节都在进行着新陈代谢，新的叶子长出来，老的叶子落下去。如此一来，它们一年四季都是绿的。

落叶树在春天和夏天的时候进行叶子的新陈代谢。秋天到来的时候，随着气温一天天下降，树叶会全部掉落。秋风中，一片又一片落叶干燥成茶褐色。当我们踏过堆积着落叶的树林

时，沙沙的响声仿佛在诉说着秋天的秘密。这是落叶树为了减少越冬时水分和养分的消耗所进行的自我保护。落光了叶子的树，利用寒冬积蓄能量，耐心等待着下一个春天的到来。

树木不同，叶子变色的时间、程度以及掉落的时间，也各不相同。有的变成浅浅的黄，那是因为天气变冷，树木营养不足，叶绿素变少了。有的变成深褐色，那是水分流失的缘故。在秋天，我们还会看到红红的树叶，因为温度变化导致叶子中糖分积累变多，有利于形成较多的花青素，黄叶才变成红叶。阳光越充分，昼夜温差越大，叶子含的糖分越多，树叶就越红。所以"霜叶红于二月花"，山里的叶子会更红。有的时候，一片红叶上还有一些黄色和绿色，那是光照不均匀的缘故。

仔细看看，你捡到的落叶上，有着哪些颜色？

树叶掉落后，形态也会发生一些变化。有的皱缩起来，有的边缘有卷角。看一看，你捡的这些落叶和长在树上时有什么不同？

摸一摸，叶子落下的时间越久，会有怎样的特点？

你可以把收集到的落叶按颜色进行分类，分别粘贴在白纸上，附上简单的文字介绍。

你也可以把落叶放在白纸的下面，用彩笔或者蜡笔刮擦，拓印出树叶。可以在拓印的树叶旁边写下你的观察和感受。

树叶也可以做成书签。

最后,让我们一起来读一读韩国金匡的《树叶的香味》吧。

夹在书页里,

一枚树叶,

有森林的香味,

有天空的香味。

只要小小的一枚树叶,

就能把伟大的秋的森林,

长久保持在心里呢。

立秋

大地上微小的生命

趴在地上，看看那些微小的生命。

也许你会看到蚂蚁。

蚂蚁喜欢躲在石头下面，掀开石头看一看。糖果、饭粒、昆虫尸体、草种，都是蚂蚁的食物。蚂蚁发现食物后，会急匆匆爬回巢穴，并在路上留下一些分泌物作为标记。蚂蚁的触角能够弯曲，它摇动触角，或与其他蚂蚁触角相碰，告诉它们食物在哪里。其他蚂蚁根据报信蚂蚁的分泌物所散发出来的气味，找到食物，再把食物搬回巢穴。

蚂蚁喜欢用长在前腿上的圆圆的梳状净角器来清理触角，这样做是为了让触角的感觉更为灵敏。如果食物太大太重，就会有很多只蚂蚁陆续赶过来，齐心协力把食物搬回巢穴。来寻找和搬运食物的是工蚁。还有些工蚁负责照顾幼虫和蚁后，或者是筑巢。蚁后负责产卵，它待在蚁穴里不出来。

如果你看到两只蚂蚁互相触碰触角，那是它们在打招呼，互相问好。如果两只不同巢穴的蚂蚁碰在一起，就会打起架来。

我们用放大镜去观察蚂蚁，可以了解到昆虫的特点。昆虫的身体分成三个部分：头部、胸部和腹部。头部上面有眼睛、嘴和触角。昆虫有六条腿，长在胸部。辨认昆虫最简单的办法，就是数它的腿。所有的昆虫都有六条腿。

也许你会在草叶上看到瓢虫。

它们的身体很小很小，圆滚滚的，有着美丽的花纹，非常可爱。

也许你会发现滑溜溜的蚯蚓。

蚯蚓靠皮肤上的微血管进行气体交换来呼吸，所以它必须保持皮肤的湿润，但是它也不能长期泡在水中，那样就会窒息而死。大雨过后，蚯蚓会因泥土里积水太多而爬到地面来呼吸。太阳也是蚯蚓的大敌，晒得太久蚯蚓就会死去。

蚯蚓在大自然中有着非常重要的作用。它在地里钻洞的时候，既松了土又肥了田。蚯蚓吃腐烂的植物，例如碎骨头、破树枝、泥土中的有机质或者落叶。腐烂的植物经过蚯蚓的消化分解后，就能够为植物的生长所利用。蚯蚓排出的粪便能让泥土更加肥沃。蚯蚓在地下所挖的通道，让空气和水分进入土壤，帮助作物更好地生长。

如果透过放大镜去看蚯蚓，可以看到它浑身长着刚毛。蚯蚓靠刚毛从一个地方爬到另一个地方。

蚯蚓有很强的再生能力，当它的身体被切断以后，会再长出缺少的那一部分。

也许你会看到蜗牛在散步，那一般是下雨之后。

蜗牛爬过的地面上，有像水一样的痕迹。因为蜗牛在爬行的时候，会从柔柔软软的腹足排出水分，像波浪一样移动它的足，慢慢向前。轻轻碰一下蜗牛的触角，它就会害羞地缩回坚硬的螺旋状的壳里。

蜗牛喜欢潮湿的地方，它们喜欢吃植物的叶子或者卷心菜、黄瓜、胡萝卜、油菜、白菜等蔬菜。

蜗牛把卵产在土里，然后孵出小小的蜗牛。

也许你会看到软绵绵的蛞蝓。

它和蜗牛一样，也喜欢住在潮湿的地方。蛞蝓虽然和蜗牛同类，但是它没有外壳。它不用像蜗牛那样，背着"房子"四处跑。

也许你还会看到其他微小的生物。它们忙忙碌碌，为大地带来无限生机。

请把你的观察用"图画＋文字"的方式记录下来。

立秋

立秋

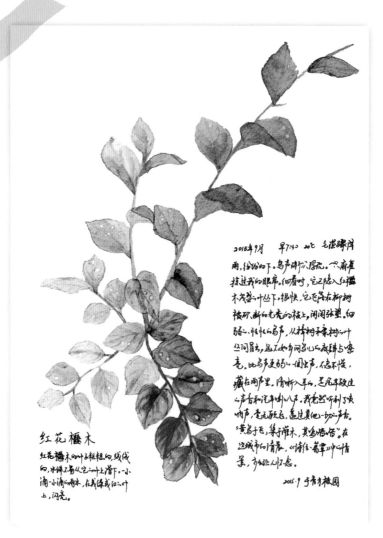

2015年9月　早7:40　20℃ 毛毛细雨停后

雨，纷纷的下。鸟声渐渐醇亮。一只麻雀
挤进我的眼帘。细看时，它已随入红檵
木花丛的叶丛下。很快，它飞落在柳树
披砍，断的无先的枝上，润润张望。细
弱、怯快的鸟声，从棒树木棄枝的叶
丛间冒出，这不如乡间吊心而悠扬与婉
亮。比鸟声更多的一阔吵声，使是不悦。
藏在两声里。清晰入耳，是见车发过
心声音和汽车的八声。我竟然听到了蝉
叫声，意见麻后，盖过其他一切声音。
"黄鸟于飞，集于灌木，其鸣喈喈"。在
这城市的清晨，以诗经·葛覃"中心情
景，予以比人们心态。

2015.9 于肯才植园

红花檵木

红花檵木的叶片粗粗的，线纹
的，水珠不易从它的叶上滑下。小
滴小滴的雨水，停成株或心叶
上，闪亮。

处暑

秋**处**露秋寒霜降

处暑

"处暑，暑将退，伏而潜处。""处"含有躲藏、终止的意思，处暑是反映气温变化的节气，表示炎热的暑天已经结束。每年的8月23日前后，是处暑节气。此时，太阳到达黄经150度。

处暑三候

处暑之日，鹰乃祭鸟。老鹰开始大量捕猎鸟类。处暑后五日，天地始肃。万物开始凋零。再五日，禾乃登。"禾"是黍、稷、稻、粱类农作物的总称，"登"是成熟的意思。处暑以后，大部分地方日夜温差变大，昼暖夜凉让庄稼成熟较快，民间有"处暑禾田连夜变"的说法。

处暑自然笔记

爬上一座山

你小时候玩过沙子吗？在沙子里加入水，就可以做出房子、高山等各种造型。把双手放在湿沙两侧，再向中间推挤，湿沙开始隆起来。一座"高山"在我们手中诞生了。

有些大山隆起来，就很像我们玩湿沙一样。两侧的岩层不断推挤，就可能形成一座山。

另有一些山，因地球内部炽热的岩浆而形成。那是在恐龙和人类出现之前，冒着热气的岩浆从地表的裂缝里喷出来，冷却后变成了坚硬的岩石。越来越多的岩浆喷出来，然后冷却。

如此反复，坚硬的岩石越积越高，最后形成了高山。

还有一些山，则是因为地震形成的。在很久很久以前，地球刚刚形成的时候，剧烈的地震让地球表面的一部分坍陷下去，另一部分升起来，形成了高山。

当你和同学不小心头碰头，钻心疼痛之后会肿起一个大包。巨大的岩石板块之间相互碰撞，会隆起一个"大包"，形成山脉。地球最外层、最坚硬的部分是地壳，地壳是由许多板块构成的。板块会相互聚拢，也会慢慢分离，位置并不是固定不变的。当两个大陆板块碰撞的时候，就会产生巨大的压力，相触的地方就会隆起，形成山脉。

如何来看一座山的年龄呢？我们可以从年轮来知道一棵树的年龄，而山的高矮和陡峭程度会告诉我们一座山是否年轻。

历经千百万年的烈日晒、暴雨淋、狂风吹，山上的岩石会风化腐蚀，千疮百孔。那些越老的山，在岁月的流逝中被消磨、冲刷、风化，就没有那么陡峭挺拔了，甚至会变成矮小的平滑的山丘，像好脾气的老人。那些刚形成的年轻的山，则很陡很高，像极具锐气的年轻人。

山区的气候往往变化多端。也许山的这一边雨骤风狂，那一边却是阳光灿烂。高山是阻挡气流运动的巨大障碍物。气团遇到高山的时候，像一个喘着粗气的人，缓慢地爬升到山顶，然后越过高山，再下降到山谷。在气流缓慢爬升的一边，我们感受到的是微弱的风，而在另一边则狂风大作。

我们的祖先认为山是神仙居住的地方，一直对山充满了崇敬。很多祭祀大典都在山上举行。

请在父母或者老师的带领下，走近一座山。从很远的地方看，这座山是陡峭还是平缓？从山脚慢慢往山顶爬，你看到了哪些植物？那里的树是否高大粗壮？树上能看到鸟儿的巢吗？你看到了什么花？看到了哪些小昆虫？山顶的空气和山脚相比有什么不同？温度有变化吗？

你一定有很多有趣的发现，请用"图画＋文字"的方式把它们记录下来。

处暑

看太阳慢慢落下来

找一个视野开阔的地方，等待太阳落山。秋天的阳光比夏天要温和，但我们还是不要去直视太阳。

黄昏时的阳光，已经比较柔和了。为了不伤害眼睛，可以用经过感光的底片做一个遮光板，来观测太阳。千万不能用望远镜或者放大镜直接观测太阳。阳光经过透镜聚焦，可能会烧伤眼睛，使眼睛失明。

傍晚时的天空，云朵被阳光染成了什么样的颜色？落山时的太阳，颜色和形状是什么样的？夕阳之所以呈现出红色，是因为傍晚阳光斜射，通过的大气层比较厚，日光经过多次散射、漫射，只有波长较长的红光和橙光大量透过大气层被观察到。

太阳下山的过程是怎样的？每一次变化，大约经过了多长时间？请你看看手表，进行记录。整个日落的过程，大约需要多久？当太阳完全落下去的时候，天空发生了什么变化？

请用"图画＋文字"的方式把太阳落山的过程记录下来。

处暑

今天早上，我早早地起
了床，跟着爸爸来到了湘江
边上。我无意中发现，在一丛
狗尾草的旁边有一支船桨。
上面有一位老爷爷，穿着蓑
衣，戴着斗笠，一身蓝衣蓝
裤，活灵活现。到了湘江中央，
他立刻撒起网，一副攻击
的样子。

2016.9.5 肖望华

肖望华 手书

158

白露

秋处露秋寒霜降

白露

　　白露，也是反映气温变化的节气。"过了白露节，夜寒日里热。"每年的9月8日前后，太阳到达黄经165度时，是白露节气。白露时白天和夜晚的温差很大，天高云淡，气爽风凉，是一年中令人心旷神怡的节气。

白露三候

　　一候鸿雁来，二候玄鸟归，三候群鸟养羞。鸿雁和燕子等候鸟南飞避寒，鸟儿们开始储备过冬的食物。"羞"同"馐"，是美食。鸟儿们储存干果粮食，作为过冬的美食。

白露自然笔记

认识家乡的一条河

　　秋天的水面像镜子一样平静，除了映着朵朵浮云之外，似乎没有什么东西在动。鱼儿需要安静、温暖和黑暗，秋天的水深处是它们理想的居所。

　　白露时节，让我们一起去认识家乡的一条河。在走近家乡的河流之前，我们需要做一些功课，向爸爸妈妈了解，或者从书本中查阅，弄清楚河流的发源地在哪里，它流经了哪些地方，最后流入哪条大河或海洋。请你尝试着画出河的上游、中游、下游每个区域的简图，并标出河岸两旁的主要景观。你可以请爸爸妈妈或老师帮忙。接下来，可以选择河流的一段作为观察区域，把你观察到的画下来。

白露

风车呼啦啦

唐朝诗人李峤的诗《风》这样写道：

解落三秋叶，

能开二月花。

过江千尺浪，

入竹万竿斜。

能吹落秋天的叶，能吹开二月的花，能让江水腾起千尺浪，能让万竹倾斜，这就是"风"。

风，看不见，但我们可以感受到。树枝摇摇晃晃，窗户咯吱作响，帆船起航，风筝上天，这些现象里，都有风的踪迹。

让我们在老师或者父母的帮助下，一起来做一个纸风车，在风中奔跑，与风嬉戏。

请准备一张正方形的纸、一把剪刀、一个图钉、一支有橡皮头的新铅笔和一盒彩笔。

把正方形的纸沿两个对角线对折，然后打开。这时候，我们可以看到四个三角形。

拿出剪刀，沿着四条折线向中心剪，剪到离中心大约1.4厘米的地方，请停下来。剪的时候要小心，不要伤到手。

在纸的中心打一个孔，或者用剪刀剪一个孔。接下来把四个角弯向纸的中心。这是做风车最难也是最关键的一步。把四个角弯向中心的圆孔以后，用一个图钉穿过叠在一起的四个角，插入风车背面的橡皮头里。橡皮头很软，图钉才能插进去。这一步要格外小心，插入橡皮的时候千万不要扎到手。

　　风车做成了，用彩笔在纸上画下图案，来装饰自己的风车。

　　你可以把电风扇对着风车吹，风小的时候，风车转得怎么样？风越来越大呢？然后在同样的强风下，移动风车和电风扇的距离，风车离电风扇越远，转动的速度又会怎样？

　　来到室外，把风车举起来，观察风是如何吹动风车的。奔跑起来，看看风车又是如何旋转的。

　　把你玩风车所看到和感受到的，用"图画＋文字"的方式记录下来。

白露

稻谷

稻谷成熟。这是二季稻，四月播种，
八月收割。还过十来天起可以收割了。
谷穗饱满结实，摸上去硬硬的，长长
的稻叶上有细密的露珠，也有聚成一
大颗的。鸟叫，风声，还有勾都不
在调上的麦克风里传来的唱歌之声。

脚背被小蚂蚁狠狠
一口。低头一看，左脚的
鞋里，一群小蚂蚁。
黑色壳甲上有鹅卵橙
色花纹的小小甲虫，在
萝卜叶背面，爬啊爬。

2016.9.17 于乡村小屋
朱爱朝

朱爱朝 手书

秋分

秋处露秋寒霜降

秋分

　　每年的9月23日前后，太阳到达黄经180度，是秋分节气。这一天，阳光直射赤道，地球上昼夜平分，白天和黑夜各占十二小时。这一天，也正好在秋季中间，平分了秋季。秋分之后，白天越来越短，夜晚越来越长。

秋分三候

　　秋分之日，雷始收声。秋分后阴气开始旺盛，天上不再有隆隆的雷声。秋分后五日，蛰虫坯户。寒冷驱逐着虫子藏入地下的巢穴，它们用细土把洞口封起来，以防寒风的侵袭。这是在为冬眠做准备了。再五日，水始涸。"涸"是干竭。降雨少，天气又干燥，水分蒸发快，湖泊与河流中的水量变少了。

秋分自然笔记

万物由盛转衰

　　秋，渐渐走入深处，万物开始由盛转衰。请把你观察和感受到的用自然笔记的形式进行记录。

秋分

落叶拼贴画

秋天到了，树叶飘落下来。树木不同，落叶的形状、颜色也不同。落叶掉落的时间越久，就会越干燥。

收集各种树木的落叶，比较一下，它们的形状和颜色有什么不一样？根据落叶的特点，可以在纸上拼贴出很有意思的图案。譬如拼成一只小猫、一条小鱼或一只正在飞翔的蜻蜓。在拼贴的时候，尽量保持树叶原来的形状。

把树叶拼贴成图案之后，再在旁边写上你所用到的树叶的名称，一篇自然笔记就完成了。

秋分

椿·树叶

2016年10月2日 13:41 16℃

　这是池塘边的一棵椿树。它的不粗的干，不知什么时候
被砍掉了，只剩下矮矮一截。在光平秃边，长出绿色的几枝。
新叶墨绿鲜嫩，叶脉美丽清晰。它尖端的小嫩叶，总可以与味
做椿头菜的。池水平静，水中树影微微晃动。池边的一个管
子里，伯伯的水流入塘中，更衬托乡村的静。忽然响起几年的声
音，一大片的麻雀，似似忽忽飞走了。母鸟偶尔嘀咕两句，鸟在
叶，声音不大。万物仿佛都已不道到了十年，于亭世界爱情的枝头，
桂花开得远，隐在叶间。老到树下的时候，松杉间衬衬层一片。

朱爱朝 手书

寒露

秋处露秋寒霜降

寒露

　　每年10月8日前后，太阳到达黄经195度，是寒露节气。白露是炎热向凉爽过渡的节点，寒露则是凉爽向寒冷过渡的节点。到了寒露，气温低了许多，露气重而稠，快要凝结成霜了，日照减少，风起叶落，让人时有惆怅之感。

寒露三候

　　一候，鸿雁来宾。从白露节气开始，鸿雁便排成一字形或人字形向南迁移。到了寒露，是最后一批了。古人称后到的为"宾"。二候，雀入大水为蛤。天冷风寒，雀鸟都不见了。古人看到海边出现的蛤蜊，贝壳上的条纹和颜色与雀鸟相似，便以为雀鸟入海化为了蛤蜊。三候，菊有黄华。菊花开放。

寒露自然笔记

感受深秋

春天听雨，夏日听蝉，初秋听虫鸣，深秋的日子里，我们能在大自然里听到什么声音呢？

寒露是天气由凉爽向寒冷过渡的节气，在大地逐渐失去生气的时候，请你找一片空旷的草地或是校园的一角，也可以是家附近的地方，把你的注意力集中在听觉上，记录下来听到的声音。

然后，请你闭上眼睛，把注意力集中在嗅觉上，记录你闻到的气味。

接下来，请睁开眼睛，把注意力集中在视觉上，仰视、俯视、向前看、朝后看，尝试用各种角度去观察，把看到的景物记录下来。

最后，请打开你的触觉，用手去触摸大自然里的景物，并记录下来。

记录的方式可以是文字，也可以是图画，重点是要表达出属于自己的感觉。

寒露

听听世界的声音

在大自然中找一个地方，例如树下、草地上，用一个舒服的盘坐姿势坐下来。两腿交叉，肩背挺直，两手放在膝盖上。轻轻闭上眼睛，慢慢调匀呼吸。

让心安静下来，倾听周围的声音。你的心越安静，你听到的声音就越丰富；你的心越安静，你就能听到别人无法听到的细微的声音。

你听到了哪些声音？什么声音来自近处？什么声音从远方飘来？什么声音是大自然里的声音？什么声音是人为的声音？自然的声音与人类活动制造的声音有什么不同？你更喜欢哪种声音？你喜欢的这种声音，让你内心产生了怎样的感觉？哪些声音是这个季节独有的？哪些声音是一整年都能听到的？

请把你观察和感受到的，用"图画＋文字"的方式记录下来。

寒露

栾树的蒴果

九月的最后一天，它自风雨中
摇落。我把它拾捡起来，暑
挂于办公室中。从秋天到冬天，
它越来越脆，颜色也越来越
深。里色的饱满的种子，偶
尔会滴落下来。从秋天到冬
天，它一直地美丽。从秋天
到冬天，它一直地看成。

2015.10.10 完成图画
2015.11.21 完成文字

朱爱朝 手书

184

霜降

秋处露秋寒霜降

霜降

　　每年 10 月 23 日前后，是霜降节气，此时，太阳到达黄经 210 度。这是秋天的最后一个节气。"九月中，气肃而凝，露结为霜。"深秋的夜晚，温度骤降，空气中的水蒸气凝结成冰晶，形成了霜。霜降节气，"万山红遍，层林尽染"，正是最适合观赏红叶的时候。

霜降三候

　　一候豺乃祭兽，二候草木黄落，三候蛰虫咸俯。豺狼开始捕获猎物；大地上的草木枯黄掉落；蛰伏在洞里的虫子不动不食，垂下头来进入冬眠状态。

霜降自然笔记

霜是怎样形成的

　　霜有针状、板状等结晶状态，也有一些不完全结晶。它有时在树枝、草叶上，有时又在玻璃窗或路面上生成。如果我们有机会到山上或者农村过夜，不妨早上早点起床，到户外看一看，就有可能看到霜。

　　我们熟悉的雪，也是由大气中的水蒸气直接凝结成的。只不过雪在高空凝结落下，而霜是地表水蒸气凝华而成。

　　如果我们在户外看不到霜，可以打开冰箱的冷冻库，里面的小冰晶，就是霜。

我们还可以做一个小实验，看看霜是怎么形成的。

用冰箱制冰器做好两盆冰块，把冰块放入厚厚的布里，敲碎。用秤称一称冰的重量，再称出冰块三分之一重量的盐。接下来，把碎冰和盐放入保温桶中，搅拌均匀。为避免手被冻伤，可以用筷子来搅拌。然后把一个小铁罐埋入桶内，使罐口和保温桶的口一样高。等铁罐变冷，向罐内呼气，十多分钟后，你就可以在铁罐的内壁上看到霜啦。

最后，请你用"图画＋文字"的方式，把结霜的过程和你的感受记录下来。

霜降

霜降

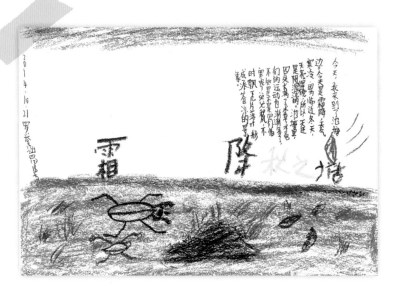

罗誉涵 手书

范芮萌 手书

立冬

冬雪雪冬小大寒

立冬

每年的 11 月 7 日或 8 日，太阳到达黄经 225 度时，是立冬节气。立冬与立春、立夏、立秋合称"四立"。立冬时节，地表下还贮存了一些热量，所以一般还不太冷，晴朗无风的时候，也有舒适宜人的"小阳春"天气。

立冬三候

一候水始冰，二候地始冻，三候雉入大水为蜃。水已经能结成冰了，土地也开始冻结。野鸡一类的大鸟不见了，海边出现的大蛤，其外壳的线条、颜色都和野鸡相似，古人认为雉在立冬以后变成了大蛤。

立冬自然笔记

描摹美丽的树皮

我们在观察一棵树时，更多的时候会看它的叶和枝，而不太会注意到树皮。

树皮对一棵树的生长起着非常重要的作用。树的营养成分通过树皮向上传送，代谢物则往相反的方向传输。树皮包裹着树干，避免树变得干燥，防止树遭到害虫的啃咬、菌类的侵袭。树皮也可以吸附周围环境里的很多有害物质。

我们常常可以通过树皮来辨认树的品种。

我们一起来看一看，树皮的颜色是怎样的？褐色、黄色，还是其他的颜色？同一种颜色也有深浅的变化，观察的时候请仔细体会。树皮上有裂纹或者坑坑洞洞吗？摸一摸树皮，是光滑还是粗糙？当你触摸树皮的时候，是怎样的感觉？凑近去闻一闻，树皮散发出了怎样的气味？树皮上有树脂吗？如果有，它是什么颜色的？是否透明？摸摸树脂，是软软的，还是硬硬的？

　　用"图画＋文字"的方式，把你的观察与感受记录下来。

立冬

冬天的树

　　春天的树，新芽初绽；夏天的树，绿叶满枝；秋天的树，叶儿飘零；冬天的树，是怎样的呢？

　　哪些树还有叶子？哪些树的叶子已经落光了？请你选择冬天里的一棵树,把你的观察用"图画＋文字"的方式表现出来。

立冬

冬天来了，一阵阵寒意钻入衣服里，柳树的叶子也变得稀稀拉拉，黄了许多，也掉了许多，闻不到花香，也听不到鸟叫。

上午 五（3）
2015.11.10 胡靖凡

胡靖凡 手书

小雪

冬雪雪冬小大寒

小雪

天气寒冷，雪纷纷扬扬飘落下来。每年 11 月 22 日或 23 日，太阳到达黄经 240 度，为小雪节气。雪下的次数少，雪量也不大，称为"小雪"。此时，太阳极少露面，天空灰暗，大地阴冷。树枝也是一片光秃。

小雪三候

一候，虹藏不见。古人认为阴阳相交才会有虹。小雪时阴气旺盛，阳气伏藏，雨水凝成了雪，虹自然不见了。二候，天气上升地气下降。阳气上升，阴气下降。三候，闭塞而成冬。天地闭塞，万物失去生机，转入严寒的冬天。

小雪自然笔记

感受干枯的植物

冬天来临，许多植物都枯萎了。

我们喜欢看春天的植物，嫩嫩的新绿好像婴儿对世界绽放的笑脸。我们喜欢看夏天的植物，浓郁的绿色是蓬勃生命力的展现。我们喜欢看秋天的植物，果实累累，满是收获的气息。

我们需要把这些"喜欢"匀一些出来，分给冬天的植物。

冬天干枯的植物，失去了水分，也不再有养分的供给。植物生长需要一定的温度，但冬天非常寒冷，甚至可能"千

里冰封，万里雪飘"。干枯的植物在干燥的空气里会越来越干。风刮过来，雨打下来，它们会零落成泥，成为大地的一部分，滋养新的植物生长。

在冬天，找到一株干枯的植物，看看它变成了什么样，颜色是怎样的。回忆一下，在这之前，它是什么样子，又是什么颜色？用手摸一摸，你会有怎样的感觉？用鼻子闻一闻，它还能散发出植物特有的清香吗？面对这株干枯的植物，你有怎样的感受？

请用"图画＋文字"的方式，记录下来。

小雪

小雪

我的种子收集记录

每一种植物的种子，颜色、大小和形状都不一样。

我们嗑的瓜子，是向日葵的种子。妈妈用来打豆浆的黄豆，是大豆的种子。收集豆类植物的种子时，我们会发现绿豆、黄豆、黑豆上面都有一个凹进去的好像"肚脐"的部分。种子不仅可以食用，还可做药物或者用来染色。每一粒种子，都是下一代植物的来源。据说，休眠期达两千年的莲花种子，仍有发芽的活力。

你可以收集蔬菜、水果、野花野草和树木的种子，把它们装入透明罐子或透明的盒子里。如果你采集到的是浆果，需要把果肉去除，把种子晒干后再收藏。

请你用图画加上简单的文字说明，记录下每一颗种子的名字、采集时间，并观察浆果种子颜色的变化。

小雪

一枝银杏

从我办公室的窗口望出去，是两株银杏。我看着它们从春夏的绿，走向秋冬的黄。在小雪节气时期的日子里，银杏叶铺落一地。孩子们把小心盖在身上，或捡起树叶抛向空中。老师们摆好种种姿势拍照，把金黄的法美收藏。我想到在冷雨寒风刮年之苟，把这一枝银杏拿枯在住上。银杏的名字排在省北宋仁宗的身旁，因叶叶响，三研呈扇形。见"困其形以小杏奇枝名向"。一味以见汉于方有林园 此枝三级小令

朱爱朝 手书

大雪

冬雪雪冬小大寒

大雪

"小雪封地，大雪封河。"小雪节气，地冻得像冰块一样硬。到了大雪节气，冷得连河水也冻住了。每年的 12 月 7 日或 8 日，太阳到达黄经 255 度时，是大雪节气。"大雪冬至后，篮装水不漏。"大雪时节，气温急剧下降，常常会出现冰冻。

大雪三候

大雪之日，鹖鴠不鸣。鹖鴠，就是寒号鸟。天气太冷，连寒号鸟也不再鸣叫了。大雪后五日，虎始交。阴气最盛的时候，阳气开始萌动，老虎有了求偶行为。再五日，荔挺出。荔挺是兰草的一种，感受到了阳气的萌动，抽出新芽。

大雪自然笔记

寻找冬天的主色调

每一个季节都有自己的主色调。大自然色彩的变化，往往传达出季节更换的信息。

冬天虽然萧瑟，但当我们走进大自然的时候，也会有惊喜发现。

请仔细在校园、公园或其他地方找一处景点，选出最能够代表冬季的主色调，并用"文字＋图画"的方式将你的观察与发现记录下来。

大雪

在雪地里走啊走

当大雪覆盖大地的时候，让我们一起到雪地里去走一走。

走在雪地里，和平时走路有什么不一样？远望前方，你看到了什么？抬头看看大树，它们有什么变化？你看到鸟儿了吗？再望望天空，天空是什么颜色？给你怎样的感觉？

听一听，你在雪地里走路的时候，发出了怎样的声音？你还听到了什么声音？

当你张开嘴说话的时候，你看到了什么？此时，你的脸、手、脚有怎样的感觉？

摸一摸你身边的物体，是怎样的感觉？

你感觉雪里的世界和平时的世界有什么不一样？

把你的观察和感受，用"图画＋文字"的方式记录下来。

大雪

冬日百合 (一)

大雪节气，与三束花相对。
两束明黄，一束金黄。冬
夜寂静，相看两不厌。

2018年12月9日夜
细雨飘 3℃ 北风微

朱爱朝 手书

冬至

冬雪雪冬小大寒

冬至

每年的 12 月 22 日前后，太阳运行至黄经 270 度时，是冬至节气。冬至，是二十四节气中最早制定出的一个节气。冬至日是白天最短暂、黑夜最漫长的一天，阴森的寒气已经到达顶点。之后，白昼渐渐变长，而黑夜渐短。

冬至三候

一候，蚯蚓结。蚯蚓在地下被冻得僵成一团，纠如绳结。二候，麋角解。冬至阳气开始复生，麋感到阴气渐退而解角。三候，水泉动。阳气初生，山中泉水开始流动，地下的井水向上冒出热气。

冬至自然笔记

我的九九消寒记录

九九消寒图，是记载进九以后天气阴晴的"日历"。从冬至这天起就算进九了，人们可以画消寒图数九。

消寒图一共有九九八十一个单位，所以才叫"九九消寒图"。从冬至开始，以九天为一个单元，连数九个九天，八十一天之后，冬天过去，春天到来。在农耕年代，漫长缓慢、寒冷枯燥的冬季里，九九消寒图给人们带来了无限乐趣。从寒冷走向温暖，熬着冬盼着春，一天一天数过这八十一天，春，便来了。

消寒图的形式很多，第一种叫画铜钱。在一张纸上画横竖

交错九栏格子，在每个格子中间画一个圆。九九八十一钱，每天根据天气情况来涂画。"上阴下晴雪当中，左风右雨要分清，九九八十一全点尽，春回大地草青青。"如果是阴天，就在圆圈的上面涂画，晴天则在下面涂画，下雪就在中间涂画，左为风，右为雨。九九八十一天画完，就是一份完整的天气记录了。

第二种叫九画字。选择九个九画的字连成一句，写在格子中，每天涂一笔。大家一般选用的是"亭前垂柳珍重待春风"。

第三种叫雅图。画一枝梅花，梅花每朵九个花瓣，一共画九朵，总计八十一个花瓣。每天染一瓣，染完了梅花，九九尽，春来临。

人们将一年中最为寒冷的八十一天画在纸上，像是一种仪式，记录、期盼着新的一年到来。

当然，你也可以创造属于你自己的九九消寒记录，用你喜欢的方式，比如说简短的日记，或者是"图画＋文字"的方式，记录从冬到春的这段旅程。

冬至

冬至

桃树

今天下了好大的雨，桃树仅存的几片叶子也被吹掉了。

2016.12.20 小雨转阴

范芮萌 手书

226

小寒

冬雪雪冬**小**大寒

小寒

　　每年 1 月 6 日左右，太阳到达黄经 285 度，是小寒节气。"小寒大寒，冻成一团。"小寒的十五天加上大寒十五天，一共三十天，是一年中最冷的一个月。小寒时还未冷到极点，故称为小寒。

小寒三候

　　一候雁北乡，二候鹊始巢，三候雉始雊。大雁开始向北迁移；喜鹊筑巢，准备繁衍后代；野鸡感受到阳气的滋长而鸣叫求偶。

石头记

在家附近的花园、校园、建筑工地或者野外，我们都可以寻找到石头。

在生活中，我们常常会看到石头，在河床上、山坡的脚下，在陡峭的山壁上。

一块小小的石头也承载着历史。在女娲补天的神话里，女娲从江河中拣选出五色石，用大火把它们炼成五色石浆，历尽千难万险，把天上的窟窿补好，让她受苦受难的子女重新过上安宁幸福的生活。

从石器时代开始，我们的祖先就学会了将石头加工成工具。刮刀、箭头、石斧就是那个时代的最好证明。我们的祖先用燧石取火，让血淋淋的兽肉成为香喷喷的美食，让黑夜不再漫长，不再令人恐惧。

后来，人们发掘了含有金属的岩石，就是我们常说的矿石，把矿石烤烧熔化后，从中提炼出金属。最早提炼出的金属是铜和锌，从此，人类进入了青铜器时代。我们的祖先发现高岭石经过烤烧后会变得十分坚硬，发明烧制出了美丽的瓷器。

每一块石头，都来自不同的地方，有不同的颜色、纹路。它也许圆润光滑，也许尖锐锋利。冬天触摸一块石头，与在夏日触摸它的感觉是完全不一样的。小寒的时候，当你把一块石头放入掌心，最初的感觉是什么？当你握住它一段时间之后，又有了怎样的感觉？在晴天的时候，它是怎样的？在阴雨或者下雪的日子里，它有什么变化吗？

每一块石头都是独一无二的。请把你的这块石头画下来。你是在怎样的环境里找到它的？把你观察到和感受到的，用文字记录在图画旁边。

小寒

造一张再生纸

很久很久以前，纸还没有发明之前，我们的祖先在乌龟的甲壳上刻字，刻得非常吃力。后来，人们把文字写在了竹片上，写一篇文章要用好多捆竹片，搬运起来也很麻烦。有人把文字写在丝做的布上，但丝做的布实在是太贵重了。有人把字写在了麻布上，麻布比丝布便宜，但是非常粗糙，不好写字。

大约在公元前100年，我们的祖先学会了利用植物纤维来造纸。远古时期，常常有山洪暴发或者大河涨水。植物纤维在水里泡久了，变软变烂，自然分解。它们漂啊漂，漂到了水旁的岩石上，漂到了水中的沙洲上，太阳晒，大风吹，干燥之后，就变成了类似纸的东西。我们的祖先由此受到启发，学会了造纸。

到了东汉，蔡伦把造纸的技术进行了进一步改造。他把树皮、破布或者废旧材料剁碎，泡软，再放到锅里煮烂，成为浆状的东西。把浆平铺在竹网上，晒干后就成了纸。

蔡伦造出的纸，质地轻薄，耐保存，容易书写又便宜，大家都很喜欢。

现代人造纸，从森林砍伐木材，运到工厂。然后机器把原木剥去皮，并把木头切成小段，再碾压成碎屑。接着加入亚硝酸，让木屑变软，剁成纸浆。纸浆被送到长条形的网上，用压榨机使劲挤压，把水分压出来。挤压之后是烘烤，高温让残余的水分全部蒸发，最后，巨大的纸张就诞生了。

我们可以试着来造一张再生纸。

以原生木浆为原料所造出的纸是原生纸，再生纸是将废纸回收以后再次造出的纸，可以避免宝贵的森林资源被大量砍伐，有利于资源的循环利用。

把废纸撕碎，放在水锅里煮烂。等水冷却之后，倒进果汁机里，打碎成纸浆。准备一个细网，也可以用做寿司的竹帘，把一块干毛巾铺平垫在细网或竹帘下面。把纸浆倒在细网或竹帘上，用手慢慢抹平，并轻轻地把水挤压出来。干毛巾垫在下面，方便把水吸干。用电吹风吹干或在阳光下晒干水分后，一张再生纸就做成了。

请把造纸的过程用"图画＋文字"的方式记录下来，感受来自大自然中的木材在经过多次使用后，依然拥有的生命。

小寒

2016年1月12日 小雨转晴朗
雾霾黄色预警 早8:10 3℃
　长长的决明子挂在枝头，有
青绿的，也有浅黄。月季开
花了，隐在月桂的后面。

　月季花，又称"月月红"，四季
开花。小灌木，小枝上有刺。
叶互生。互生，就是相邻
两片叶长在相对的两侧。奇
数羽状复叶。复叶，叶柄上
生有多片叶，羽状复叶，小叶
排列于叶柄两侧呈羽毛状；
奇数羽状复叶，顶端生有小
叶，小叶数目为单数。月季有
　　　　　　叶3～5片。
月季花开了
　　　　　　　2016.1.2.

朱爱朝 手书

大寒

冬雪雪冬小**大**寒

大寒

　　大寒是二十四节气的最后一个节气，在每年的1月20日左右，此时太阳到达黄经300度。因为比小寒还冷，天气冷至极点，所以称为"大寒"。"三九冻死狗，四九冻死猫。"一年之中的最低温度，总在小寒和大寒之间出现。此时，中国大部分地方风大、低温，地面积雪不化，一片冰天雪地的景象。

大寒三候

　　一候，鸡乳。母鸡提前感知到春天的气息，开始孵小鸡。二候，征鸟厉疾。鹰隼之类的猛禽，从空中快速扑向地上的猎物。三候，水泽腹坚。河里的冰上下都冻透了，又厚又坚实。

大寒自然笔记

发现空气

空气，没有颜色，没有气味。虽然它无处不在，但我们看不见也摸不着。空气中大部分是叫氮气的气体，然后是氧气，也有氩气、二氧化碳等其他气体。我们怎样去发现空气呢？

放慢你的呼吸，深深地吸一口气，再呼出一口气。发现了吗？我们呼吸的时候，空气就会进入我们的身体。

当你用力吹灭生日蜡烛的时候，你发现空气了吗？

鼓起腮帮，使劲地吹气球。让气球又鼓又胀的，就是空气。

你还不会游泳的时候，身上套着的那个充满空气的救生圈，

一定给你带来了戏水的安全感和无限的欢乐。

小皮球、足球、篮球之所以能蹦蹦跳跳，是空气的功劳。

五颜六色的肥皂泡，在空中飘呀飘，是空气在帮助它们舞蹈。

妈妈在太阳下晒过的被子，有好闻的阳光的气味，松松软软更有弹性。这不仅是因为暴晒后的被子水分蒸发了，还因为纤维和纤维之间保留了更多空气。

你喝汽水的时候，那扑哧扑哧向上冒的，就是空气里的二氧化碳。

你在面包店买的面包，有一个鼓鼓的塑料包装袋。包装袋里有氮气，没有氧气。因为氧气会让面包坏掉。

土壤中有空气吗？把种着植物的花盆放入水中，或者把栽种植物的泥土挖出来放进水里，泥土散开之后，会冒出很多气泡，这些气泡就是空气。

用手抓着海绵放进水里，然后拧一下，就会看到好多小气泡咕嘟咕嘟往上冒，这是藏在海绵里的空气。

你在什么地方发现了空气？你是怎么感觉到空气的存在的？请用"图画＋文字"的方式，记录下来。

这一次的自然笔记，不仅是想让大家体验空气无所不在，更是想让大家体会到空气的珍贵。

工厂越来越多，机动车密度越来越大，空气污染越来越严重。工厂排放的废气，汽车排出的尾气，垃圾燃烧所产生的难闻的气体，还有妈妈在厨房烧菜时燃气燃烧产生的气体，都是常见的空气污染源。

我们要减少对空气的污染，也要多植树。树木能吸收二氧化碳，不断地排出新鲜的氧气。让我们为空气的清新，来尽一份力吧。

大寒

养一盆水仙迎春来

水仙在六朝时称"雅蒜",因为它的根茎像大蒜。宋代又称它为"天葱"。水仙在中国已经有一千多年的栽培历史了。

在冬天,养一盆水仙,看它慢慢地生长,把它的变化用"图画+文字"的方式记录下来,是寒冷冬天中一件快乐的事。

让我们养一盆水仙,看绿叶生长,看白色的花朵开放,等待春的到来。

大寒

2016年1月22日 早10:20 0℃
北风4级 阴
今天并非万物枯槁。百
草园中的月季，其中一枝
从茂盛的草决明中穿插
而过，垂向地面，走入
自我，有助于减缓我们
对于时间的刻板印象。

垂向地面的月季枝

朱爱朝 手书

246

图书在版编目（CIP）数据

朱爱朝二十四节气自然笔记 ／ 朱爱朝著 . —— 兰州 ：
读者出版社，2019.1（2025.3. 重印）
ISBN 978-7-5527-0533-1

Ⅰ . ①朱⋯ Ⅱ . ①朱⋯ Ⅲ . ①二十四节气－普及读物
Ⅳ . ① P462-49

中国版本图书馆 CIP 数据核字（2019）第 000847 号

朱爱朝二十四节气自然笔记

朱爱朝 著

责任编辑　王先孟
特邀编辑　杜益萍　秦　方
装帧设计　徐　蕊
内文制作　王春雪

出　　版　读者出版社（兰州市读者大道568号）
发　　行　新经典发行有限公司　电话（010）68423599
　　　　　邮箱 editor@readinglife.com
经　　销　新华书店
印　　刷　北京奇良海德印刷股份有限公司
开　　本　880毫米×1230毫米　1/32
印　　张　8
字　　数　90千
版　　次　2019年3月第1版
印　　次　2025年3月第2次印刷
书　　号　ISBN 978-7-5527-0533-1
定　　价　59.80元